L'ART

DE

FAIRE LE VIN.

Imprimerie de L. BOUCHARD-HUZARD,
7, rue de l'Eperon.

L'ART

DE

FAIRE LE VIN,

PAR

LE COMTE CHAPTAL,

PAIR DE FRANCE, GRAND OFFICIER DE LA LÉGION D'HONNEUR, CHEVALIER DE L'ORDRE
ROYAL DE SAINT-MICHEL, MEMBRE DE L'ACADÉMIE ROYALE DES SCIENCES, DE
L'INSTITUT DE FRANCE, ETC., ETC.

Troisième édition,

AUGMENTÉE DE LA DESCRIPTION D'APPAREILS DE VINIFICATION,

PAR M. L. DE VALCOURT.

AVEC DEUX PLANCHES.

PARIS,

L. BOUCHARD-HUZARD

SUCCESSEUR DE Mme HUZARD, NÉE VALLAT LA CHAPELLE),

Imprimeur-Libraire 7, rue de l'Éperon.

1839

AVIS SUR CETTE NOUVELLE ÉDITION.

L'un des plus avancés de son époque dans les sciences chimiques, le comte de Chaptal, en recommanda, en surveilla, en fit lui-même les applications à l'industrie. Son ministère, en s'appuyant sur les principes vrais qui doivent diriger les progrès du bien-être social, donna le signal de ce grand mouvement ascensionnel que les arts industriels et les sciences économiques n'ont cessé depuis de conserver.

Toujours fort remarquables parmi les publications auxquelles son exemple et les encouragements de son administration ont donné lieu, et dont la teinture, la saccharification, l'œnologie ont retiré de grands perfectionnements, l'*Art de faire le vin* et la *Chimie appliquée à l'agriculture* sont demeurés au premier rang dans l'ordre des demandes commerciales de la librairie ; et, en effet, l'on s'étonne, en comparant ces deux ouvrages à ce que nous possédons de plus récent, de les trouver aussi frais de nouveauté, aussi fermes de principes, aussi riches d'expérimentations que si, depuis leur apparition, ces spécialités fussent restées stationnaires sous le rapport de la science.

Nous avons donc pensé que la troisième édition de l'*Art de faire le vin* pouvait, forte d'une renommée bien établie, paraître sans révision ni commentaires. Ce livre à la main, il n'est pas un propriétaire qui ne soit en état d'améliorer sensiblement les produits de son vignoble. Cette assertion est d'autant plus affirmative, que c'est de notre part l'expression d'une conviction personnelle ; car, nous-même, nous avons mis cette théorie en pratique et obtenu, par ce système, des qualités incontestablement supérieures aux qualités habituelles.

Un élève de Vauquelin, M. Aubergier, s'est depuis livré à des travaux importants, à de longues séries d'observations sur le phéno-mène de la fermentation vineuse. Sa méthode de vinification, appuyée sur les faits chimi-ques professés par les Fourcroy, les Vau-quelin, les Berthollet, par MM. Gay-Lussac et Thénard, peut, sous le rapport scientifi-que, offrir à nos œnologues le complément de nos connaissances sur les procédés vinifica-teurs.

Peu de temps après, M. Cavoleau, dans son *OEnologie française*, a présenté le tableau

VIII

statistique de tous les vignobles de France ,
et décrit avec une grande précision les pratiques de vinification en usage dans chaque
localité. Cette science des faits n'est pas des
moins instructives ; elle devait être traitée
séparément.

Enfin M. le comte Odard, propriétaire d'un
grand vignoble dans la Touraine, a publié, en
1037 , un *Exposé des divers modes de culture de la vigne et des différents procédés de
vinification dans les vignobles les plus renommés*, avec cette épigraphe : « Point de préceptes , beaucoup d'exemples ; rarement des
explications , rarement des déductions ou des
conséquences ; de la simplicité des moyens ,
la perfection des résultats. »

Ces ouvrages, que les amateurs sont libres
de consulter, renferment la quintessence des
annotations dont nous aurions pu augmenter
cette édition. Si donc nous n'avons pas adhéré
aux propositions qui nous ont été faites pour

opérer une fusion de quelques opinions et expliquer quelques dissidences, c'est que nous avons pensé qu'il y a un avantage réel à ne présenter au public que le texte pur d'un auteur aussi remarquable ; que c'est, à son égard, un témoignage de respect que ne déméritent pas non plus ceux qui ont écrit après lui, et dont on pourra lire textuellement les ouvrages, si l'on désire comparer les doctrines.

Si, en guise des élaborations d'un commentateur, nous nous sommes contenté de ce renvoi à des ouvrages imprimés, notre profond sentiment de tout ce qui peut être d'utilité publique nous a fait accueillir avec gratitude l'extrait d'un ouvrage manuscrit que M. L. de Valcourt a eu l'extrême obligeance de mettre à notre disposition. Il contient des appareils simples et commodes pour écraser le raisin, porter les marcs sur le pressoir, et reconnaître le moment le plus propice pour tirer le

x

vin des cuves. Cette unique addition à cette troisième édition est d'un à-propos dont on saura gré au savant modeste et au mécanicien habile qui a bien voulu nous communiquer ses manuscrits et ses recueils d'instruments divers, travail précieux, sur les ingénieuses applications à faire des principes de la mécanique dans l'exécution de tous les genres de labeurs rustiques, économiques et industriels.

L. Bouchard-Huzard.

AVANT-PROPOS

DE L'AUTEUR.

La récolte des vins est, après celle des céréa-
les, la plus importante de toutes celles que
produit le sol français.

Depuis sa création jusqu'à l'année 1809,
l'administration des contributions indirectes
s'est occupée avec soin de déterminer l'étendue et le produit des vignobles que possédait

alors la France, et le résultat de ce travail précieux nous a donné 1,613,939 hectares plantés en vigne, et 35,358,890 hectolitres de vin, terme moyen du produit calculé pendant cinq années.

Comme la surface de la France est d'environ 52,000,000 hectares, sur lesquels il y en a 45,445,000 qui produisent plus ou moins, les vignes couvraient alors plus de la vingt-huitième partie du sol productif.

Depuis cette époque, on n'a pas discontinué de planter de la vigne; et, huit ans après, l'administration du cadastre a porté à 1,977,000 hectares l'étendue de nos vignobles.

La récolte du vin doit s'être accrue dans la même proportion; mais, en la supposant ce qu'elle était alors, et donnant à chaque qualité de vin le plus bas prix du commerce, nous trouvons le résultat suivant:

Sur 35,358,890 hectolitres de vin (plus de

3,535,889,000 de bouteilles), on peut suppo-
ser qu'il y en a environ 30,000,000 d'employés
à la boisson, et 5,358,890 qui sont convertis
en eau-de-vie.

En prenant le prix moyen des vins dans les
années d'abondance, on trouve les résultats
suivants :

10,500,000 hectolitres à	7 fr. 50 c.,		78,750,000 fr.
4,600,000	*idem*	10	»	46,000,000
3,400,000	*idem*	15	»	51,000,000
2,300,000	*idem*	20	»	46,000,000
2,000,000	*idem*	25	»	50,000,000
1,700,000	*idem*	30	»	51,000,000
1,600,000	*idem*	35	»	56,000,000
1,500,000	*idem*	40	»	60,000,000
1,600,000	*idem*	50	»	80,000,000
800,000	*idem*	200	»	160,000,000
30,000,000	*idem*			678,750,000

Les 5,358,890 hectolitres employés à la
distillation sont d'une médiocre qualité, et,
en les estimant 7 fr. 50 c. l'hectolitre, ils
forment une valeur de 40,191,675 fr., qui,

XIV

ajoutée à la première, donne un total de 718,944,675 fr.

On ne manquera pas d'observer que nous avons établi la valeur du vin au plus bas prix, même pour les années de très-grande abondance , et qu'on ne s'écarterait pas de la vérité en la portant à un milliard.

C'est surtout cette source féconde de richesse qui fait la prospérité de la France ; c'est elle qui , après les temps les plus calamiteux, répare ses malheurs avec tant de promptitude : aucune autre nation ne partage avec elle ces ressources , elles sont inhérentes à son sol et à son climat.

Pour mieux apprécier encore tout l'avantage que la France retire de ses vignobles , il faut faire attention que les quatre cinquièmes du sol qui est consacré à la vigne resteraient stériles si on ne les employait pas à la culture de la vigne : les terres les plus maigres sont partout les plus propres à fournir de bon vin, et ces coteaux si renommés où l'arpent de vigne est payé aujourd'hui 10 à 15,000 fr. seraient restés sans valeur.

Tout ce qui peut répandre quelques lumières ou porter des améliorations dans cette partie si importante de notre agriculture me paraît mériter une attention particulière, et c'est dans ce but et d'après cette conviction que j'ai composé cet ouvrage.

Je ne me suis pas proposé de faire connaître les diverses méthodes qui sont usitées dans les différents pays de vignobles ; j'ai voulu éclairer la pratique par les leçons d'une saine doctrine et ramener toutes les opérations aux principes de la science.

L'ART

DE

FAIRE LE VIN.

INTRODUCTION.

Il est peu de productions naturelles que l'homme se soit appropriées comme aliment, sans les altérer ou les modifier par des préparations qui les éloignent de leur état primitif : les farines, la viande, les fruits, tout reçoit, par ses soins, un commencement de fermentation avant de lui servir de nourriture ; et il n'est pas jusqu'aux objets de luxe, de caprice ou de fantaisie, tels que le tabac, les parfums, etc., aux-

quels l'art ne donne que des qualités particulières.

Mais c'est surtout dans la fabrication des boissons que l'homme a montré le plus de sagacité : à l'exception de l'eau et du lait, toutes sont son ouvrage. La nature ne forma jamais de liqueurs spiritueuses ; elle pourrit le raisin sur le cep, tandis que l'art en convertit le suc en une liqueur agréable, tonique et nourrissante, qu'on appelle *vin*.

Il est difficile d'assigner l'époque précise où les hommes ont commencé à fabriquer le vin. Cette précieuse découverte paraît se perdre dans la nuit des temps ; l'origine du vin a ses fables, comme celle de tous les objets qui sont devenus pour nous d'une utilité générale.

Les historiens s'accordent à regarder Noé comme le premier qui a fait du vin dans l'Arménie ; Saturne, dans la Crète ; Bacchus, dans l'Inde ; Osiris, en Égypte ; et le roi Gérion, en Espagne. Le poëte aime à croire qu'après le déluge, Dieu accorda le vin à l'homme pour le consoler dans sa misère, et s'exprime ainsi sur son origine :

Omnia vastatis ergo cum cerneret arvis
Desolata Deus, nobis felicia vini
Dona dedit, tristes hominum quo munere fovit
Reliquias; mundi solatus vite ruinam.

PRÆD. RUST.

Il n'est pas jusqu'à l'étymologie du mot *vin*, qui n'ait donné lieu à des explications différentes.

Mais, au milieu de toutes les fables dont les poëtes ont obscurci l'origine du vin, il nous est permis de saisir quelques vérités précieuses; et, dans ce nombre, nous pouvons placer, sans crainte, les faits suivants.

Non-seulement les anciens écrivains attestent que l'art de fabriquer le vin leur était connu, mais leurs écrits nous prouvent qu'ils avaient déjà des idées saines sur ses diverses qualités, ses vertus, ses préparations, etc. : les dieux de la Fable sont abreuvés avec le *nectar* et l'*ambroisie*. Dioscoride parle du *Cœcubum dulce*, du *Surrentinum austerum*, etc. Pline décrit deux qualités de vin d'*Albe;* l'un doux et l'autre acerbe. Le fameux *Falerne* était aussi de deux sortes, au rapport d'Athénée. Les anciens connais-

saient les vins mousseux : il suffit du passage
suivant de Virgile, pour s'en convaincre :

> .... Ille impiger hausit
> Spumantem pateram..........

Les Romains tiraient leurs meilleurs vins
de la Campanie (aujourd'hui *Terre de La-
bour*) dans le royaume de Naples. Le Falerne et le Massique étaient le produit de
vignobles plantés sur des collines tout autour de Mondragon, au pied duquel coule
le Garigliano, anciennement nommé *Iris*.
Les vins d'Amiela et de Fondi se récoltaient
près de Gaëte; le raisin de Suessa croissait
près de la mer, etc. Mais, malgré la grande
variété de vins que produisait le sol d'Italie,
le luxe porta bientôt les Romains à rechercher ceux d'Asie; et les vins précieux de
Chio, de Lesbos, d'Éphèse, de Cos et de
Clazomène, ne tardèrent pas à paraître sur
leurs tables.

Les premiers historiens dans lesquels nous
pouvons puiser quelques faits positifs sur la
fabrication des vins ne nous permettent
pas de douter que les Grecs n'eussent singulièrement avancé l'art de faire, de tra-

vailler et de conserver les vins : ils les distinguaient déjà en *protopon* et *deuterion*, suivant qu'ils provenaient du suc qui s'écoule du raisin par une légère pression, ou du suc qu'on extrait par le foulage. Les Romains ont ensuite connu ces deux qualités sous les dénominations de *vinum primarium* et *vinum secundarium*.

Lorsqu'on lit, avec attention, tout ce qu'Aristote et Galien nous ont transmis de connaissances sur la préparation et les vertus des vins les plus renommés de leur temps, il est difficile de se défendre de l'idée que les anciens possédaient l'art d'épaissir et de dessécher certains vins pour les conserver très-longtemps. Aristote nous dit expressément que les vins d'Arcadie se desséchaient tellement dans les outres, qu'il fallait les racler et les délayer dans l'eau pour les disposer à servir de boisson : *Ita exsiccatur in utribus ut derasum bibatur.* Pline parle de vins gardés pendant cent ans, qui s'étaient épaissis comme du miel, et qu'on ne pouvait boire qu'en les délayant dans l'eau chaude et les coulant à travers un linge : c'est ce qu'on appelait *saccatio vinorum*. Martial conseille de filtrer le Cœcube :

Turbida sollicito transmittere Cœcuba sacco.

Galien parle de quelques vins d'Asie qui, mis dans de grandes bouteilles qu'on suspendait au coin des cheminées, acquéraient, par l'évaporation, la dureté du sel. C'était là l'opération qu'on appelait *fumarium*.

C'étaient sans doute des vins de cette nature que les anciens conservaient au plus haut des maisons et dans des expositions au midi : ces lieux étaient désignés par les mots *horreum vinarium*.

Mais tous ces faits ne peuvent appartenir qu'à des vins doux, épais, peu fermentés, ou à des sucs non altérés et rapprochés : ce sont des extraits plutôt que des liqueurs ; et, peut-être, n'était-ce qu'un *raisiné*, très analogue à celui que nous formons aujourd'hui par l'évaporation et l'épaississement du suc du raisin·

Les anciens connaissaient encore des vins

légers qu'ils buvaient de suite : *Quale in
Italia quod Gauranum vocant in Albanum,
et quæ in Sabinis et in Tuscis nascuntur.*

Ils regardaient le vin récent comme chaud
au premier degré ; le plus vieux passait pour
le plus chaud.

Chaque espèce de vin avait une époque
connue et déterminée, avant laquelle on ne
l'employait point pour la boisson : Dioscoride détermine la septième année comme un
terme moyen pour boire le vin. Au rapport
de Galien et d'Athénée, le Falerne ne se bu-
vait, en général, ni avant qu'il eût atteint
l'âge de dix ans, ni après celui de vingt. Les
vins d'Albe exigeaient vingt ans d'ancien-
neté ; le *Surrentinum*, vingt-cinq, etc. Ma-
crobe rapporte que Cicéron étant à souper
chez Damasippe, on lui servit du Falerne de
quarante ans, dont le convive fit l'éloge en
disant qu'il *portait bien son âge : bene, in-
quit, ætatem fert.* Pline parle d'un vin servi
sur la table de Caligula, qui avait plus de
cent soixante ans. Horace a chanté un vin de
cent feuilles, etc.

Depuis les historiens grecs et romains, on

n'a pas cessé de publier des écrits sur les vins; et si nous considérons que cette boisson est une des branches de commerce les plus considérables de l'Europe, en même temps qu'elle fait la principale source de la richesse de plusieurs nations situées sous divers climats, nous serons peu étonnés du nombre prodigieux d'écrits publiés sur ce sujet.

Le plus grand nombre d'écrivains sur l'œnologie s'est borné à décrire des procédés ou à perpétuer des recettes : on peut voir, dans le *Recueil des Géoponiques*, une série très-nombreuse de formules ou de préparations, exécutées par les anciens, tant pour préparer et parfumer les vaisseaux dans lesquels on déposait la vendange ou conservait les vins, que pour préserver ces derniers de toute altération, ou pour les rétablir lorsqu'ils étaient dégénérés. On voit évidemment, à travers cette immense réunion de procédés, que les anciens donnaient aux vins leurs principales vertus par des aromates, et que l'art de bien conduire la fermentation et de préserver le vin de toute altération par le collage, le soufrage, etc., ne leur était pas connu; ils se bornaient à soutirer ou transvaser le vin, ainsi que nous pouvons en juger par les livres 6 et 7 des *Géoponiques*.

Plusieurs des auteurs qui ont écrit sur le vin ont borné leurs observations à ce qui se pratique dans un canton, dans un vignoble; et, néanmoins, ils ont prétendu en déduire des principes généraux, comme si le climat, le sol, la culture, l'exposition n'apportaient pas des modifications infinies à la nature du raisin, et n'exigeaient pas des moyens particuliers, tant pour conduire la fermentation que pour soigner le vin dans les tonneaux.

Sans doute l'art de faire le vin est fondé sur des principes généraux, et tous les procédés peuvent en être éclairés par la science; mais, pour que les principes de cet art pussent être établis, il fallait que les lois de la fermentation fussent connues; il fallait non-seulement que l'influence du climat, du sol, de l'exposition, de la culture, fût bien constatée, mais qu'on sût positivement ce qui est dû à chacun de ces agents dans la

nature très-variable du raisin ; il fallait connaître assez exactement la cause de l'altération
et de la dégénération des vins dans les tonneaux pour pouvoir les prévenir ou les corriger. Or ces connaissances n'ont été ac-
quises que par les progrès de la chimie.
Ainsi gardons-nous d'accuser les hommes de
ce qui ne peut être imputé qu'au temps où ils
ont vécu.

Non-seulement la chimie nous a donné les
moyens d'apprécier les modifications qu'im-
priment sur le raisin les saisons, le climat,
le sol et l'exposition ; mais, en nous éclairant
sur la nature des substances qui déterminent
la fermentation, elle nous fournit assez de
lumières pour la modifier et l'approprier,
pour ainsi dire, à la nature très-variable des
éléments qui la constituent : elle fait plus,
elle nous apprend à corriger les défauts des
matières qui y sont soumises, et à suppléer,
par l'art, à l'imperfection du travail de la
nature.

La chimie nous présente encore un grand
avantage pour avancer la science de l'œnologie : elle assigne une dénomination conve-

ñable à chaque substance, à chaque opération; dès lors elle établit des rapports et une
communication facile entre tous les agriculteurs, qui, jusqu'à ce jour, n'avaient pu ni
communiquer ni transmettre leurs observations par écrit, parce que chaque vignoble
avait son idiome, sa langue et ses méthodes.

Il me paraît que dans l'art de fabriquer le
vin, comme dans tous ceux qui doivent être
éclairés par les vérités fondamentales de la
chimie, on doit commencer par connaître
parfaitement la nature de la matière qui fait
la base de l'opération, et calculer ensuite avec
précision l'influence qu'exercent sur elle les
divers agents qui sont successivement employés.

Alors on se fait des principes généraux
qui dérivent de la nature bien approfondie
du sujet; et l'action variée du sol, du climat,
des saisons, de la culture, les variétés apportées dans les procédés des manipulations,
l'influence marquée des températures, etc.,
tout vient s'établir sur ces bases. Ainsi je n'irai
pas proposer aux agriculteurs du Midi les
procédés de culture et les méthodes de vini-

fication pratiquées dans le Nord ; mais je dé-
duirai, de la différence des climats , les causes
de la différence que présentent les raisins sur
ces divers points ; et la nature bien connue des
raisins de chaque pays me fera sentir la nécessité d'en varier la fermentation , en même
temps qu'elle m'instruira sur les qualités des
vins et sur l'art de les gouverner dans les
tonneaux.

CHAPITRE PREMIER.

DE L'INFLUENCE DU CLIMAT, DU SOL, DE L'EXPOSITION, DES SAISONS ET DE LA CULTURE SUR LE RAISIN.

Ce n'est pas assez de savoir que la nature du vin varie sous les différents climats, et que la même espéce de vigne ne produit pas partout, indistinctement, la même qualité de raisin ; il faut encore connaître la cause de ces différences pour pouvoir se faire des principes, et savoir non-seulement ce qui est, mais prévoir et annoncer ce qui doit être.

De toutes les plantes qui croissent sur notre globe, la plus sensible, peut-être, à l'action des causes nombreuses qui influent sur elles, c'est la vigne. En effet, non-seulement nous la voyons varier sous les divers climats, mais la nature des terres, le genre de culture, la différence d'exposition, modifient ses produits d'une manière étonnante.

Ce qui n'occasionne presque aucune différence sur d'autres végétaux agit si puissamment sur la vigne, que sa nature en parait
changée. En Bourgogne, en Champagne et
dans le Bordelais, on voit des vignes conti-
guës, cultivées de la même manière et plantées en plants de même espèce, présenter
une valeur qui diffère souvent de moitié; ce
qui dépend ou de ce que l'exposition est un
peu différente, ou de ce que la pente du terrain est un peu trop ou pas assez inclinée.

Si l'on jugeait de la vigne par la végétation ou par la nature du fruit, l'impression
qu'elle reçoit de tous ces agents serait bien
moins sensible ; nos sens n'établiraient très-
souvent que de légères nuances ; mais, comme
nous ne calculons les effets que d'après la
comparaison des vins qui proviennent des
fruits, ces différences doivent être d'autant
mieux senties, que notre goût est plus exercé
et plus difficile sur cette boisson.

Il importe donc d'examiner avec soin et
séparément ce qui appartient à chacune des
principales causes qui influent sur la vigne
et sur le raisin,

SECTION PREMIÈRE.

De l'influence du climat sur le raisin.

Tous les climats ne sont pas propres à la culture de la vigne : si cette plante croît et paraît végéter avec force dans les climats du Nord, il n'en est pas moins vrai que son fruit ne saurait y parvenir à un degré de maturité suffisant; et il est une vérité constante, c'est qu'au delà du 5o^e degré de latitude, le suc du raisin ne peut pas éprouver une fermentation qui le convertisse en une boisson agréable.

Le parfum du raisin, et surtout le principe sucré, sont le produit d'un soleil pur et constant. Le suc aigre ou acerbe, qui se développe dans le raisin, dès les premiers moments de sa formation, ne saurait être convenablement élaboré dans le Nord ; ce caractère primitif de *verdeur* existe encore, lorsque le retour des frimas vient glacer les organes de la maturation.

Ainsi, dans le Nord, le raisin, riche en

principes de putréfaction, ne contient presque pas de sucre ; et le suc exprimé de ce fruit, venant à éprouver les phénomènes de la fermentation, produit une liqueur aigre, dans laquelle il n'existe que la proportion rigoureusement nécessaire d'alcool pour empêcher les mouvements d'une fermentation putride.

La vigne, ainsi que toutes les autres productions de la nature, a des climats qui lui sont affectés : c'est entre le 35e et le 50e degré de latitude, qu'on peut se promettre une culture avantageuse de cette production végétale ; c'est aussi entre ces deux termes que se trouvent les vignobles les plus renommés, et les pays les plus riches en vins, tels que l'Espagne, le Portugal, la France, l'Italie, l'Autriche, la Styrie, la Carinthie, la Hongrie, la Transylvanie et une partie de la Grèce.

On cultive néanmoins la vigne dans la Perse, sous le 35e degré de latitude, où le terme moyen de la chaleur est le 28e degré ; mais on est forcé de l'arroser pour la défendre d'une sécheresse dévorante, d'après l'observation de M. Olivier.

On la cultive encore sous le 52ᵉ degré, mais, en deçà et au delà du terme que nous avons marqué, elle exige trop de soins, ou bien son produit est de mauvaise qualité; et c'est dans les climats tempérés, entre le 40ᵉ et le 50ᵉ degré, qu'on fait le bon vin.

De tous les pays, celui, sans doute, qui présente la situation la plus heureuse, c'est la France : aucun autre n'offre une aussi grande étendue de vignobles, ni des expositions plus variées ; aucun ne présente une aussi étonnante variété de température. On dirait que la nature a voulu verser, sur le même sol, toutes les richesses territoriales, toutes les facultés, tous les caractères, tous les tempéraments, comme pour présenter dans le même tableau toutes ses productions. Depuis la rive du Rhin jusqu'au pied des Pyrénées, on cultive la vigne dans tous les cantons où le sol est favorable à cette culture ; et nous trouvons, sur cette vaste étendue, les vins les plus agréables comme les plus spiritueux de l'Europe : nous les y trouvons avec une telle profusion, que la population de la France ne saurait suffire à leur consommation ; ce qui fournit des ressources infinies à notre commerce, et établit parmi nous un genre d'industrie très-précieux, la distillation des vins et le commerce des eaux-de-vie.

D'un autre côté, l'énorme variété de vins que possède la France établit, dans l'intérieur et au dehors, une circulation d'autant plus active, qu'il est facile au luxe et à l'aisance de réunir toutes les qualités de vins qu'on peut désirer.

Mais, quoique le climat imprime à ses productions un caractère général et indélébile, il est des circonstances qui modifient son action ; et ce n'est qu'en étudiant avec soin et séparément ce qui est dû à chacune d'elles, qu'on peut parvenir à retrouver l'effet du climat dans toute sa force. C'est ainsi que, quelquefois, nous verrons, sous le même climat, se réunir diverses qualités de vins, parce que la différence du terrain, de l'exposition, de la culture modifie l'action immédiate de ce grand agent.

Nous ne trouverons, nulle part, l'influence du climat mieux marquée qu'en observant les changements qu'éprouvent les plants de vigne lorsqu'on les transporte dans des pays éloignés. Le sol et la culture pourraient y être semblables au sol et à la culture du pays natal de la vigne, sans que les fruits aient presque aucun rapport entre eux.

On convient assez généralement que les vignes du Cap proviennent de plants de Bourgogne qui y ont été apportés par des vignerons de cette province, pour les y cultiver et y faire le vin à leur manière.

On sait que la plupart des vins qu'on boit à Madrid proviennent de vignes dont les plants ont été apportés de Bourgogne.

L'histoire nous apprend que les plants des vignes de la Grèce transportés en Italie n'y ont plus produit le même vin, et que les fameuses vignes de Falerne cultivées au pied du Vésuve ont changé de nature.

Une tradition constante nous a appris que les bons chasselas de Fontainebleau ont été transportés du Levant, sous le règne de François Ier. Cet excellent raisin produit du mauvais vin.

Il est donc prouvé que les qualités qui ca_

ractérisent certains vins ne peuvent pas se reproduire sous d'autres climats.

Concluons, de ce qui précède, que les climats chauds, en favorisant la formation du principe sucré, doivent produire des vins très-spiritueux, attendu que le sucre est nécessaire à la formation de l'alcool ou esprit de vin ; tandis que les climats froids ne peuvent donner naissance qu'à des vins faibles, très-aqueux, quelquefois agréablement parfumés : ces derniers ne sont pas de durée ; ils tournent au gras ou à l'aigre avec une étonnante facilité.

SECTION II.

De l'influence du sol sur le raisin.

La vigne croît partout ; et, si l'on devait juger de la qualité du vin par la vigueur de la végétation, ce serait aux terrains fertiles et bien fumés qu'on en confierait la culture. Mais l'expérience nous a appris que presque jamais la bonté du vin n'est en rapport avec la force de la vigne; la nature a réservé les terrains secs et légers pour la vigne, et a confié la production des grains aux terres grasses et bien nourries :

Hic segetes, illic veniunt felicius uvæ.

C'est par une suite de cette admirable distribution que l'agriculture couvre de produits variés la surface de notre planète : il ne s'agit que de ne pas intervertir l'ordre naturel, et d'appliquer à chaque lieu la culture qui lui convient, pour obtenir presque partout des récoltes fécondes et variées :

Nec vero terræ ferre omnes omnia possunt :
Nascuntur steriles saxosis montibus orni ;
Littora myrtetis lætissima ; denique apertos
Bacchus amat colles................

Les terres fortes et argileuses ne sont pas propres à la culture de la vigne : non-seulement les racines ne peuvent pas s'étendre et se ramifier convenablement dans ce sol gras et serré, mais la facilité avec laquelle ces couches se pénètrent d'eau, l'opiniâtreté avec laquelle elles la retiennent, y nourrissent un état permanent d'humidité qui

pourrit la racine, et donne à tous les individus de la vigne des symptômes de souf-
france qui en assurent bientôt la destruction.

Il est des terres, très-propres à la végétation et très-riches en principes nutritifs, qui
ne partagent pas les qualités nuisibles qui
appartiennent aux terrains argileux dont
nous venons de parler, et où l'on cultive la
vigne avec succès. Ici la vigne croît et végète librement ; mais cette force même de
la végétation nuit encore essentiellement à
la bonne qualité du raisin, qui parvient difficilement à maturité, et fournit un vin qui
n'a ni force ni parfum. Néanmoins ces
sortes de terrains sont quelquefois consacrés
à la vigne, parce que l'abondance supplée
à la qualité, et que très-souvent il est plus
avantageux à l'agriculteur de cultiver en
vigne que de semer en grains. D'ailleurs
ces vins faibles, mais abondants, fournissent
une boisson convenable aux travailleurs de
toutes les classes, et présentent de l'avantage pour la distillation, attendu qu'ils
exigent peu de culture, et que la quantité
supplée essentiellement à la qualité.

On voit, sur les bords de la Loire et du
Cher, qu'on y cultive la vigne dans des terrains féconds qu'on nourrit encore d'engrais.
Là on cherche à faire produire le plus
de vin qu'il est possible, sans trop s'em-
barrasser de la qualité : ce qui tient, peut-
être, ou à ce que la plupart de ces vins,
très-chargés de couleur, ne sont employés
qu'à colorer les vins pâles d'autres endroits
de la France, ou à ce que presque tous
ces vins sont destinés à être brûlés, et
qu'on a observé que, pour ce dernier usage,
il convenait mieux de soigner la quantité
que la qualité.

Il est encore connu de tous les agriculteurs
que les terrains humides, de quelque nature
qu'ils soient, ne sont pas propres à la culture de la vigne. Si le sol, sans cesse humecté,
est de la nature grasse, la plante y languit,
se pourrit et meurt; si, au contraire, le terrain est ouvert et léger, la végétation peut y
être belle et vigoureuse, mais le vin qui en
proviendra ne peut pas manquer d'être
aqueux, faible et sans bouquet.

Le terrain calcaire est, en général, propre

à la vigne; aride, sec et léger, il présente un
support convenable à la plante : l'eau, dont
il s'imprègne, circule et pénètre librement
dans toute la couche; les nombreuses ra-
mifications des racines la pompent par tous
les pores; et, sous tous ces rapports, le sol
calcaire est très-favorable à la vigne. En général, les vins récoltés sur le calcaire sont
spiritueux; et la culture y est d'autant plus
facile, que la terre est légère et peu liée.
D'ailleurs il est à observer que ces terrains
arides paraissent exclusivement destinés pour
la vigne : le manque d'eau, de terre végétale
et d'engrais repousse jusqu'à l'idée de toute
autre culture.

En général, en Champagne, les terrains
propres à la vigne reposent sur les bancs de
craie. La vigne y vient, à la vérité, lentement;
mais, une fois enracinée ou établie, elle y
prospère et s'y maintient avec avantage. La
chaleur atmosphérique s'y trouve tempérée et
modifiée par le sol.

Mais il est des terrains plus favorables
encore à la vigne; ce sont ceux qui sont, à la
fois, légers et caillouteux : la racine se glisse

aisément dans un sol que le mélange d'une terre légère et d'un caillou arrondi rend très-perméable; la couche de galets qui couvre la surface de la terre la défend de l'ardeur desséchante du soleil; et, tandis que la tige et le raisin reçoivent la bénigne influence de cet astre, la racine, convenablement abreuvée, fournit les sucs nécessaires au travail de la végétation. Ce sont des terrains de cette nature qu'on appelle dans divers pays, *terrains caillouteux, pays de grès, vignobles pierreux, sablonneux,* etc.

Les terres volcanisées fournissent encore des vins délicieux. J'ai eu occasion d'observer que, dans plusieurs parties du midi de la France, les vignes les plus estimées, les vins les plus *capiteux* provenaient des vignes plantées dans des débris de volcans. Ces terres vierges, longtemps travaillées dans le sein du globe par des feux souterrains, nous présentent un mélange intime de presque tous les principes terreux; leur tissu à demi vitrifié, décomposé par l'action combinée de l'air et de l'eau, fournit tous les éléments d'une bonne végétation; et le feu dont ces terres ont été imprégnées paraît passer successivement dans toutes les plantes qui leur sont confiées. Les vins de *Tokai* et les meilleurs vins d'Italie se récoltent dans des terrains volcaniques. La lave décomposée au pied du Vésuve nourrit des vignes dont le produit est très-fameux; c'est là qu'on récolte le fameux vin de *Lacryma - Christi*. M. de Saint-Simon, ancien évêque d'Agde, a défriché et planté en vignes le vieux volcan de la montagne au pied de laquelle cette ville antique est bâtie : ces plantations forment, en ce moment, un des plus riches vignobles du canton.

Il est des points sur la surface très-variée de notre globe, où le granite ne présente plus cette dureté, cette inaltérabilité qui font, en général, le caractère de cette roche primitive; il est pulvérulent, et n'offre à l'œil qu'un sable sec, plus ou moins grossier : c'est dans ces débris que, sur plusieurs points de la France, on cultive la vigne; et, lorsqu'une exposition favorable concourt à en aider l'accroissement, le vin y est de qualité supérieure : le fameux vin de l'Ermitage se récolte dans de semblables débris. Il est aisé de juger, d'après les principes que nous avons posés, qu'un sol, tel que celui qui nous occupe en ce moment, ne peut qu'être favorable à la formation d'un bon vin : ici nous trouvons à la fois cette légèreté de terrain qui permet aux racines de s'étendre, à l'eau de s'infiltrer, à l'air de pénétrer cette croûte cailloutense qui modère et arrête les feux du soleil, ce mélange précieux d'éléments terreux dont la composition paraît si avantageuse à toute espèce de végétation.

Les meilleurs vignobles de Bordeaux sont établis sur un sol caillouteux, graveleux, très-léger. En général, toute terre légère, poreuse, fine et friable, est propre à la culture de la vigne et produit du bon vin. En Bourgogne, la terre noire ou rouge, légère et friable, est réputée la meilleure.

On peut conclure de ce qui vient d'être dit, que la vigne peut être avantageusement cultivée dans une grande variété de terrains ; on pourrait même en tirer la conséquence qu'elle est indifférente à la nature intrinsèque du sol, pourvu que le terrain soit léger, bien divisé, sec, recevant et filtrant l'eau avec facilité. La vigne craint surtout les terres humides, fortes et argileuses. Et, en général, il faut plutôt consulter la porosité de la terre que la nature de ses principes, lorsqu'on veut établir une vigne.

Ainsi l'agriculteur, plus jaloux d'obtenir une bonne qualité qu'une grande abondance de vin, établira son vignoble dans des terrains légers, et il ne se déterminera pour un sol gras et fécond que dans l'intention de sacrifier la bonté à la quantité.

SECTION III.

De l'influence de l'exposition de la vigne sur le raisin.

Même climat, même culture, même nature de sol, fournissent souvent des vins de qualités très-différentes : nous voyons, chaque jour, le sommet d'une montagne dont la surface est toute recouverte de vigne offrir, sous divers aspects, des variétés étonnantes dans le vin qui en est le produit. A juger des lieux par la comparaison de la nature de leurs productions, on croirait souvent que tous les climats, toutes les espèces de terre ont concouru à fournir des produits qui, par le fait, ne sont que le fruit naturel de terrains contigus, mais différemment exposés.

Cette grande vérité n'avait pas échappé à notre bon Bernard de Palissy, qui, dans son dialogue très-ingénieux entre *théorique* et *pratique*, fait dire à cette dernière :

« Je t'ai baillé, par exemple, ces vignes de
» la Foye-Moniau, qui sont entre Saint-Jean-
» d'Angely et Niort, lesquelles vignes ap-
» portent du vin qui n'est pas moins estimé
» qu'Hippocras ; et, bien près de là, il y a
» autres vignes desquelles le vin ne parvient
» jamais à maturité, lequel est moins estimé
» que celui des raisinettes sauvages : par là,
» tu peux penser que les terres ne sont sem-
» blables en vertu, combien qu'elles soient
» voisines et qu'elles se ressemblent en cou-
» leur et en apparence. »

Cette différence dans les produits, provenant

de la seule exposition, se fait apercevoir dans tous les effets qui dépendent de la végétation : les bois coupés dans la partie d'une forêt qui regarde le nord sont infiniment moins combustibles que ceux de même espèce élevés sur les côtés du midi. Les plantes odorantes et savoureuses perdent leur parfum et leur saveur dès qu'elles sont nourries dans des terres grasses exposées au nord. Pline avait déjà observé que les bois du midi de l'Apennin étaient de meilleure qualité que ceux des autres aspects ; et personne n'ignore ce que peut l'exposition sur les légumes et sur les fruits.

Ces phénomènes, sensibles pour tous les produits de la végétation, le sont surtout pour les raisins : une vigne tournée vers le midi produit des fruits très-différents de ceux que porte celle qui regarde le nord.

La surface plus ou moins inclinée du sol d'une vigne, quoique dans la même exposition, présente encore des modifications infinies. Le sommet, le milieu, le pied d'une colline, donnent des produits très-différents : le sommet découvert reçoit à chaque instant l'impression de tous les changements, de tous les mouvements qui surviennent dans l'atmosphère; les vents fatiguent la vigne; les brouillards y portent une impression plus constante et plus directe; la température y est plus variable et plus froide; les gelées blanches, si funestes à la vigne, y sont plus fréquentes : toutes ces causes réunies font que le raisin y est, en général, moins abondant, qu'il parvient plus péniblement et incomplétement à maturité, et que le vin qui en provient a des qualités inférieures à celui que fournit le flanc de la colline, dont la position écarte l'effet funeste de la plupart de ces agents. La base de la colline offre, à son tour, de très-graves inconvénients : sans doute la fraîcheur constante du sol y nourrit une vigne vigoureuse; mais le raisin n'y est jamais ni aussi sucré, ni aussi agréablement parfumé que vers la région moyenne; l'air qui y est constamment chargé d'humidité, et la terre sans cesse imbibée d'eau, grossissent le raisin, et forcent la végétation au détriment de la qualité du fruit.

L'exposition la plus favorable à la vigne est entre le levant et le midi :

Opportunus ager tepidos qui vergit ad æstus.

Les coteaux tournés vers le midi produisent, en général, d'excellents vins.

Les collines qui s'élèvent par une pente douce au-dessus d'une plaine présentent aussi des expositions très-favorables à la vigne : mais il faut que la pente du sol ne soit pas trop rapide ; car on a observé que le sol plat et le sol fortement incliné étaient également contraires à la vigne : il paraît que, lorsque le terrain est de bonne nature, léger, maigre et graveleux, il est encore nécessaire qu'il soit disposé de manière que l'eau ne puisse ni y séjourner, ni s'écouler trop précipitamment. Une douce inclinaison présente la disposition la plus favorable, parce qu'elle facilite l'écoulement et la filtration de l'eau, sans la laisser perdre avec trop de vitesse, et sans la retenir trop longtemps.

Il faut donc qu'une colline soit bien ouverte :

on trouve rarement une bonne vigne dans un vallon resserré, surtout lorsqu'une rivière coule dans le vallon, parce que les exhalaisons portent des brouillards et entretiennent une humidité qui se renouvelle presque chaque jour. En outre, ces gorges étroites établissent des courants d'air, plus ou moins froids, qui nuisent à la vigne. C'est ce qui a fait dire au poëte :

.... Apertos
Bacchus amat colles............

C'est en partant de ces principes qu'on peut concilier la variété d'opinions qui divisent les agriculteurs : les uns condamnent l'exposition des vignes qui se trouvent près d'une rivière, parce que, selon eux, ce voisinage engendre des brouillards et produit des exhalaisons aqueuses qui nuisent à la vigne, tandis que d'autres justifient cette exposition par la bonté des vins du Rhône, de la Gironde, de la Marne et autres lieux. Le voisinage d'une rivière ne paraît dangereux que lorsque le vallon dans lequel elle coule est très-resserré; ce voisinage est au moins indifférent, dans tous

les cas où la colline est large, très-découverte,
de manière que la vigne recoive le soleil sans
obstacle, et ne soit jamais enveloppée dans
les brouillards, qui se forment souvent dans
le lit des rivières et se répandent dans le
voisinage.

L'exposition du levant, quoique favorable
à la vigne, l'est moins cependant que celle du
midi, parce que les vignes tournées vers le
levant sont beaucoup plus exposées à geler.
C'est là une observation assez générale, et
qu'on pourrait déduire, peut-être, du passage
d'une nuit froide, qui a laissé de la gelée ou
de la rosée sur les bourgeons, à une chaleur
brusque, qui, par une fonte trop prompte,
mèle de la glace fondante à la séve ou à la
fleur.

Dans les observations intéressantes que
M. Germon, propriétaire à Épernay, m'a
transmises sur les vignobles de Champagne,
il est dit que la meilleure exposition pour la
vigne est celle du midi et du levant, que le
meilleur vin et le meilleur sol pour la vigne
sont toujours à mi-côte, et qu'il y a une différence d'un tiers dans la valeur d'une vigne,

selon que, dans le même lieu, elle est exposée au levant ou au couchant.

L'exposition du nord a été regardée de tout temps comme la plus funeste : les vents froids et humides n'y favorisent point la maturité du raisin, et la vigne est sujette à geler.

L'exposition du couchant est assez peu favorable : la terre, desséchée par la chaleur du jour, ne présente plus, vers le soir, aux rayons obliques du soleil, devenus presque parallèles à l'horizon, qu'un sol aride et dépourvu de toute humidité : alors le soleil, qui, par sa position, pénètre sous la vigne, et darde ses feux sur un raisin qui n'est plus défendu, le dessèche, l'échauffe, et arrête la végétation avant que le terme de l'accroissement et l'époque de la maturité soient survenus. D'ailleurs, la vigne exposée au couchant ne reçoit le soleil que pendant quelques instants, de sorte que le raisin conserve constamment un goût âpre et acide, et ne parvient jamais à bonne maturité. Cette exposition est d'autant moins favorable, que le raisin, échauffé des derniers rayons du soleil, passe subitement à une température humide et froide, et que les sucs, dilatés par la chaleur et répandus sur toute la plante, y sont figés, coagulés, et souvent gelés presque instantanément.

Rien n'est plus propre à faire juger de l'effet de l'exposition que de voir par soi-même ce qui se passe dans une vigne dont le terrain inégal est semé çà et là de quelques arbres : ici toutes les expositions paraissent réunies sur un même point; aussi tous les effets qui en dépendent s'y présentent-ils à l'observateur. Les ceps abrités par les arbres poussent des tiges minces qui portent peu de fruit et le mènent à une maturité tardive, imparfaite et inégale entre les divers grains.

Lorsque la vigne se trouve dans une bonne exposition, il faut que rien ne puisse intercepter l'action directe du soleil du midi, qui, de toutes les causes qui contribuent à former un bon raisin, est sans doute la plus puissante : c'est pour cela qu'on arrache tous les arbres qui pourraient fournir de l'ombre et épuiser le sol. A la vérité, dans les pays où la vigne est sujette à geler, mais surtout dans ceux où les soins de l'agriculture ne se dirigent pas vers les moyens d'obtenir du bon vin, on plante dans les vignes quelques arbres, tels que des pêchers, des pommiers, des oliviers, des noyers, etc., parce que, outre le produit annuel de ces arbres fruitiers, on a observé qu'ils garantissaient de la gelée (1); mais ce n'est pas moins un mal pour la vigne. Les pêchers et les oliviers sont moins dangereux que les autres arbres.

On peut conclure, de ce qui précède, que l'exposition la plus favorable à la vigne est celle du midi; que celle du levant, quoique moins favorable que la première, est préférable à celle du couchant et du nord.

En général, la vigne qui est la mieux exposée au soleil est celle qui produira le meilleur vin, pourvu toutefois que le sol et la culture soient égaux de part et d'autre.

Si, dans l'immense variété de vignobles qui

______

(1) En 1797, toutes les vignes de la Bourgogne furent gelées, excepté dans les parties qui étaient abritées par les arbres.

couvrent une portion de l'Europe, on trouve quelque exception à cette règle, c'est que la culture et le sol peuvent, jusqu'à un certain point, suppléer au vice de l'exposition lorsqu'il s'agit de vins dont le mérite est indépendant de la spirituosité; mais le principe que nous venons d'établir n'en est pas moins rigoureux lorsqu'il s'agit de développer dans le raisin la maturité et la matière sucrée, qui seules forment la base et le caractère d'un bon raisin.

SECTION IV.

De l'influence des saisons sur le raisin.

Il est de fait que la nature du vin varie selon le caractère que présente la saison; et ses effets se déduisent déjà naturellement des principes que nous avons établis en parlant de l'influence du climat, du sol et de l'exposition, puisque nous avons appris à connaître ce que peuvent l'humidité, le froid et la chaleur sur la formation et les qualités du raisin. En effet, une saison froide et pluvieuse, dans un pays naturellement chaud et sec, produira sur le raisin le même effet que le climat du nord; cette interversion dans la température, en rapprochant les climats, en assimile et identifie toutes les productions.

La vigne aime la chaleur, et le raisin ne parvient à son degré de perfection que dans des terres légères et frappées d'un soleil ardent : lorsqu'une année pluvieuse entretient le sol dans une humidité constante, et maintient dans l'atmosphère une température humide et froide, le raisin n'acquiert ni sucre ni parfum, et le vin qui en provient est nécessairement faible et insipide. Ces sortes de vins se conservent difficilement : la petite quantité d'alcool qu'ils contiennent ne peut pas les préserver de la décomposition; et la forte proportion de ferment qui y existe y détermine des mouvements qui tendent sans cesse à les dénaturer. Ces vins tournent au *gras*, quelquefois à l'*aigre*. Ils contiennent tous beaucoup d'acide malique, ainsi que nous le prouverons par la suite. C'est cet acide qui leur donne un goût particulier, une aigreur qui n'est point acéteuse, et qui fait un caractère qui domine d'autant plus dans les vins, qu'ils sont moins spiritueux.

L'influence des saisons sur la vigne est tellement connue dans tous les pays de vignobles, que, longtemps avant la vendange, on prédit quelle sera la nature du vin. En général, lorsque la saison est froide, le vin est rude et de mauvais goût; lorsqu'elle est pluvieuse, il est faible, peu spiritueux, abondant, et on le destine d'avance (au moins dans le midi) à la distillation, quoiqu'il fournisse peu d'*esprit*, parce qu'il serait à la fois difficile à conserver et désagréable à boire.

Les pluies qui surviennent à l'époque ou aux approches de la vendange sont toujours les plus dangereuses; alors le raisin n'a plus assez de temps ni assez de force pour en élaborer les sucs; il se remplit d'eau et ne présente plus à la fermentation qu'un fluide très-liquide, qui tient en dissolution une trop petite quantité de sucre pour que le produit de la décomposition soit fort et spiritueux.

Les pluies qui tombent au moment de la

floraison font couler le raisin et sont dangereuses; mais celles qui surviennent dans les premiers moments de l'accroissement du raisin lui sont très-favorables : elles fournissent à l'organisation du végétal l'aliment principal de la nutrition ; et, si une chaleur soutenue vient ensuite en faciliter l'élaboration, la qualité du raisin ne peut qu'être parfaite. En général, les temps les plus favorables au raisin sont ceux qui donnent alternativement de la chaleur et des pluies douces.

Les vents sont constamment préjudiciables à la vigne : ils dessèchent les tiges, les raisins et le sol ; ils produisent, surtout dans les terres fortes, une couche dure et compacte, qui s'oppose au passage libre de l'air et de l'eau, et entretient, par ce moyen, autour de la racine, une humidité putride qui tend à la corrompre. Aussi les agriculteurs évitent-ils avec soin de planter la vigne dans des terrains exposés aux vents : ils préfèrent des lieux tranquilles, bien abrités, où la plante ne reçoive que l'influence bénigne du soleil et de la chaleur.

Les brouillards sont encore très-dangereux pour la vigne; ils sont mortels pour la fleur, et nuisent essentiellement au raisin. Outre des miasmes putrides que les météores déposent trop souvent sur les productions des champs, ils ont toujours l'inconvénient d'humecter la surface du végétal, et d'y former une couche d'eau d'autant plus évaporable, que l'intérieur de la plante et la terre ne sont pas humectés dans la même proportion, de manière que les rayons du soleil, tombant sur cette couche légère d'humidité, l'évaporent en un instant; et au sentiment de fraîcheur déterminé par cet acte de l'évaporation succède une chaleur d'autant plus nuisible que le passage a été plus brusque. Les brouillards ont encore l'inconvénient d'être souvent suivis de petites gelées blanches, qui sont d'autant plus dangereuses que la plante se trouve recouverte d'humidité.

Quoique la chaleur soit nécessaire pour mûrir, sucrer et parfumer le raisin, ce serait une erreur de croire que, par sa seule action, elle puisse produire tous les effets désirables. On ne peut la considérer que comme un mode nécessaire d'élaboration ; ce qui suppose que la terre est suffisamment pourvue des sucs qui doivent fournir à son travail. Il faut de la chaleur, sans doute ; mais il ne faut pas que cette chaleur s'exerce sur une terre desséchée ; car, dans ce cas, elle brûle plutôt qu'elle ne vivifie. Le bon état d'une vigne, la bonne qualité du raisin, dépendent donc d'une juste proportion, d'un équilibre parfait entre l'eau qui doit fournir l'aliment à la plante, et la chaleur qui seule peut en faciliter l'élaboration.

L'année la plus favorable à la vigne sera celle où la floraison sera accompagnée d'un temps sec, chaud et tranquille, où des pluies douces viendront nourrir le raisin lorsqu'il commence à grossir, où une chaleur constante et sans alternatives de brouillards et d'humidité aidera et favorisera le développement du fruit, où de légères pluies humecteront, de temps en temps, et selon le besoin, le sol et le cep, pendant tout le temps de l'accroissement du raisin, où enfin la maturité du raisin sera fomentée par une température sèche et chaude.

Pour former le meilleur vin possible , il ne manque à toutes ces circonstances favorables à la formation du raisin qu'un temps chaud qui se soutienne pendant les vendanges.

SECTION V.

De l'influence de la culture sur le raisin.

Dans la Floride, en Amérique , et dans presque toutes les parties du Pérou , la vigne croît naturellement. Dans le midi même de la France , les haies sont presque toutes garnies de vignes sauvages : le raisin en est toujours plus petit ; et , quoiqu'il parvienne à maturité, il n'a jamais le goût exquis que possède le raisin cultivé. La vigne est donc l'ouvrage de la nature, mais l'art en a perfectionné le produit en soignant la culture. La différence qui existe aujourd'hui entre la vigne cultivée et la vigne sauvage est la même que celle que l'art a établie entre les légumes cultivés dans nos jardins et quelques-uns de ces mêmes légumes croissant au hasard dans les champs.

L'influence de la culture est tellement marquée sur la vigne, que le raisin ne mûrit pas au delà du 45ᵉ degré de latitude, lorsque la vigne est abandonnée à elle-même, tandis qu'il parvient à maturité et fournit une bonne boisson jusqu'au 52ᵉ degré, lorsqu'on la cultive.

Cependant la culture de la vigne a ses règles comme elle a ses bornes. Le terrain où elle croît demande beaucoup de soins ; il veut être souvent remué, mais les engrais nécessaires à d'autres plantations lui sont nuisibles, en ce que la qualité du vin en est altérée. Il est à noter que les fumiers qui concourent puissamment à activer la végétation de la vigne, altèrent la qualité du raisin ; et ici, comme dans d'autres cas assez rares, la culture doit être dirigée de telle manière que la plante reçoive une nourriture très-maigre, si l'on désire un raisin de bonne qualité. Le célèbre Olivier de Serres nous dit, à ce sujet, que, *par décret public, le fumier est défendu à Gaillac, de peur de ravaler la réputation de leurs vins blancs, desquels ils fournissent leurs voisins de Tolose, de Mon-*

tauban, de Castres et autres, et, par ce moyen, se priver de bons deniers qu'ils en tirent, où consiste le plus liquide de leur revenu.

Il est cependant des particuliers qui, pour avoir une plus abondante récolte, fument leurs vignes : ceux-ci sacrifient la qualité à la quantité. Tous ces calculs d'intérêt ou de spéculation ne peuvent être bien appréciés que par les seuls propriétaires. Les éléments du calcul dérivent presque tous de circonstances, de conditions, de particularités, de positions inconnues à l'historien ; et, par conséquent, il lui est impossible, il serait au moins téméraire de juger les résultats. Il nous suffit de connaître le principe ; c'est à l'agriculteur à faire entrer ces données dans sa conduite.

Le fumier qui parait le plus favorable à l'engrais de la vigne est celui de pigeon ou de volaille : on rejette avec soin les fumiers puants, attendu que l'observation a prouvé que le vin en contractait souvent un goût fort désagréable.

Dans les îles d'Oléron et de Ré, on fume la vigne avec le *varech :* le vin en est de mau-

vaise qualité, et conserve l'odeur particulière à cette plante. M. Chassiron a observé
que cette même plante, décomposée en terreau, fume la vigne avec avantage, et augmente la quantité du vin sans nuire à la
qualité. L'expérience lui a appris encore que
la cendre du varech fait un excellent engrais
pour la vigne. Cet habile agriculteur croit que
les engrais végétaux ne présentent pas le même
inconvénient que ceux des animaux ; mais il
pense avec raison que ces premiers ne servent
avantageusement que lorsqu'on les emploie à
l'état de terreau.

Je crois qu'il faut faire une grande différence entre l'engrais et l'amendement d'une
terre : l'engrais fournit une nourriture étrangère au sol où croit la plante ; l'amendement ne fait que disposer ce sol pour que
la plante végète, et que l'air et l'eau puissent
circuler et agir librement. L'engrais fournit
des sucs à la plante ; l'amendement ne fait
que disposer favorablement le sol. Ainsi
l'engrais peut être nuisible à la qualité des
vins, en ce qu'il donne, pour ainsi dire, à
la plante des sucs qui forcent sa végétation,

tandis que l'amendement ne fait que faciliter le développement de ses propres forces.
D'après cela, les labours multipliés, les mélanges de terres pour former un sol léger et
bien ouvert, ne peuvent qu'être avantageux
à la vigne.

La méthode de cultiver la vigne en échalas est moins un usage qu'un besoin commandé par le climat et la nature du sol. L'é-
chalas appartient de droit aux terres fertiles
qui peuvent nourrir des ceps très-rappro-
chés, et aux pays froids où la vigne **a be**-
soin de toute la chaleur d'un soleil naturellement faible. Ainsi, en élevant les ceps sur
des bâtons perpendiculaires au terrain, la
terre découverte reçoit toute l'activité des
rayons du soleil, et la surface entière du cep
en est complétement frappée. Un autre avantage que présente la culture en échalas, c'est
de permettre que les ceps soient plus rapprochés, et, par conséquent, de multiplier
le produit sur la même surface de terrain.
Mais, dans les climats plus chauds, la terre
demande à être garantie de l'ardeur dévorante du soleil, et le raisin a besoin lui-

même d'être soustrait à ses feux ; pour atteindre ce but, on laisse ramper la vigne sur le sol : alors elle forme presque partout une couche assez touffue pour dérober la terre et une grande partie des raisins à l'action directe du soleil. Seulement, lorsque l'accroissement du raisin est à son terme, et qu'il n'est plus question que de le mûrir, on ramasse en faisceau les diverses branches du cep ; on met à nu les grappes de raisin, et, par ce moyen, on en facilite la maturation. Dans ce cas, on produit véritablement l'effet des échalas ; mais on n'a recours à cette méthode que lorsque la saison a été pluvieuse, lorsque les raisins sont trop abondants, ou bien lorsque la vigne existe dans un terrain gras et humide. Il est des pays où l'on effeuille la vigne, ce qui produit à peu près le même effet ; il en est d'autres où l'on tord le pédoncule du raisin pour en déterminer la maturation ou le desséchement, en arrêtant la végétation. Les anciens, au rapport de Pline, préparaient ainsi leurs vins doux : *ut dulcia præterea fierent, asservabant uvas diutius in vite, pediculo intorto.*

Il paraît que les anciens faisaient grimper la vigne sur les arbres : on trouve dans Horace et dans le recueil des Géoponiques, que cet usage était général. Cette méthode s'est perpétuée en Italie : elle existe même dans quelques parties de la France, où néanmoins elle est devenue une exception au système de culture qui est généralement suivi, et elle n'est même pratiquée que lorsqu'on veut avoir des raisins pour la table et à portée de l'habitation. Par ce moyen, on récolte beaucoup de fruit ; mais la maturité ne parvient pas à son terme, dans le même moment, pour tous les raisins ; de sorte qu'en Italie on vendange la même vigne pendant trois semaines ou un mois, et on verse, dans la même cuve, le produit de chaque jour, ce qui ne peut donner que du très-mauvais vin.

L'âge de la vigne influe essentiellement sur la qualité des vins : les vieilles vignes sont toujours les meilleures, et il est connu que, lorsqu'on renouvelle les ceps en nombre considérable dans une vigne, la qualité du vin diminue.

La manière de tailler la vigne a de puissants effets sur la nature du vin. Plus on laisse de tiges à un cep, plus les raisins sont abondants, mais aussi moindre en est la qualité du vin, et plus tôt la vigne s'épuise et meurt.

Pour bien sentir tout l'effet de la culture sur le vin, il me suffirait d'observer ce qui se passe dans une vigne abandonnée à elle-même : la première année, elle produit une énorme quantité de raisins; mais bientôt le cep, n'étant plus taillé, pousse de faibles rejetons, et fournit des raisins qui diminuent en grosseur d'année en année, et parviennent péniblement à maturité.

Concluons que, pour obtenir un bon raisin, et concilier, autant que possible, la qualité du vin avec la quantité, il faut travailler la terre, la diviser, la rendre poreuse, l'aérer, la nettoyer des plantes étrangères, y faciliter la filtration de l'eau en évitant qu'elle n'y soit stagnante, et ne jamais fumer ou engraisser la vigne, parce que c'est toujours au détriment de la qualité du vin.

CHAPITRE II.

DU MOMENT LE PLUS FAVORABLE POUR LA VENDANGE, ET DES MOYENS D'Y PROCÉDER.

On a posé en principe que le temps de la vendange est celui de la maturité du raisin, puisque, dans cet état, il fournit, par la fermentation, le plus d'alcool possible; mais ce principe général est sujet à bien des exceptions : car, dans quelques pays du nord de la France, le raisin n'arrive presque jamais à maturité; et il faut bien se résoudre à couper le raisin, quoique peu fait, pour ne pas l'exposer à se pourrir par suite de la constitution froide et humide qui règne en automne. Il ne s'agit donc, dans ces climats, que de saisir le moment où le raisin ne gagne plus rien sur la souche.

Il est d'autres pays où le vin doit avoir des propriétés qui ne peuvent pas se concilier avec la maturité du raisin : il s'agit souvent d'obtenir un vin qui soit doué d'un bouquet agréable, plutôt que riche en alcool ; or, ce *bouquet* peut n'exister que lorsque le raisin n'est pas très-mûr. Il s'agit encore quelquefois de fabriquer des vins mousseux, et cette qualité dans le vin peut être développée en employant le raisin avant l'époque de sa maturité absolue.

Il paraît donc qu'il n'y a pas de principe général qu'on puisse établir pour déterminer une époque constante et invariable à la vendange : elle dépend du but qu'on se propose, du climat sous lequel se trouve la vigne, etc., et c'est à l'expérience, qu'on a acquise dans chaque localité, à prononcer sur cela chaque année.

On ne peut pas regarder même la maturité du raisin comme une règle invariable ; car, en Espagne et ailleurs, on laisse dessécher certains raisins sur la souche, pour en concentrer le suc très-sucré et en former des vins liquoreux.

Nous allons parcourir successivement ce qui s'observe et se pratique dans les divers vignobles que nous connaissons, pour y faire l'application de nos principes.

Olivier de Serres observe, avec beaucoup de raison, que *si la vigne, au cours de son maniement, requiert beaucoup de science et d'intelligence, c'est en ce point de la vendange où ces choses sont nécessaires pour, en perfection de bonté et d'abondance, tirer les fruits que Dieu par là nous distribue.* Ce célèbre agronome ajoute que les récoltes de tous les autres fruits peuvent se faire par *procureur, où autre intérêt ne peut advenir qu'en la quantité, demeurant toujours la qualité semblable à elle-même;* mais que la récolte du vin demande l'œil et la présence du propriétaire. C'est à la nécessité bien sentie de diriger et de surveiller toutes les opérations de la vendange, qu'il rapporte l'habitude où l'on est d'abandonner les villes pour se porter dans les campagnes à l'époque de la récolte des vins.

Les temps ne sont pas éloignés où nous avons vu que, dans presque tous les pays de vignobles, l'époque des vendanges était annoncée par des fêtes publiques, célébrées avec solennité. Les magistrats, accompagnés d'agriculteurs intelligents et expérimentés, se transportaient dans les divers cantons de vignobles, pour juger de la maturité du raisin; et nul n'avait le droit de vendanger que lorsque la permission en était solennellement proclamée. Ces usages antiques étaient consacrés dans les pays renommés par leurs vins; leur réputation était regardée comme une propriété commune. Et, quoiqu'un tel usage entraînât quelque inconvénient, c'est peut-être à sa religieuse observation que nous devons d'avoir conservé dans toute son intégrité la réputation des vins de Bordeaux, de Bourgogne et autres pays de la France. On appellera, si l'on veut, un tel règlement *servitude;* on invoquera, pour le proscrire, le droit sacré de *propriété,* de *liberté,* etc.; on fera reposer la garantie de l'intérêt général sur l'intérêt du propriétaire : je n'entreprendrai pas de discuter, en ce moment, une question aussi sérieuse; mais j'observerai seulement que l'établissement de tels usages en paraît démontrer l'utilité, parce qu'il suppose des causes qui l'ont rendu nécessaire. J'ajouterai que leur abolition a mis la fortune publique à la merci de quelques particuliers; l'individu qui coupe prématurément ses raisins force ses voisins à l'alternative d'une vendange précoce, ou d'une spoliation assurée; l'étranger, n'ayant plus de garantie pour ses achats, retire ses ordres, parce qu'il ne sait plus où placer sa confiance. L'individu peut ne voir que le présent, il appartient à la société de prévoir l'avenir; elle seule peut conserver et perpétuer cette bonne foi sans laquelle le commerce n'est qu'une lutte de méfiance entre le fabricant et le consommateur.

Tout le monde convient que le moment le plus favorable à la vendange est, en général, celui de la maturité du raisin; cette maturité peut être connue par la réunion des signes suivants :

1° La queue verte de la grappe devient brune. En Champagne, on exprime cette altération de la queue de la grappe, en disant qu'elle *fait bois*. En Bourgogne, on appelle cet état de la queue du raisin *queue tannée*.

2° La grappe devient pendante.

3° Le grain du raisin a perdu sa dureté, la pellicule en est devenue mince et *translucide*, comme l'observe Olivier de Serres.

4° La grappe et les grains du raisin se détachent aisément et sans efforts.

5° Le jus du raisin est savoureux, doux, épais et gluant.

6° Les pepins des grains sont vides de substance glutineuse, d'après l'observation d'Olivier de Serres.

La chute des feuilles annonce plutôt le retour de l'hiver que la maturité du raisin : aussi regardons-nous ce signe comme très-fautif, de même que la pourriture que mille causes peuvent décider, sans qu'aucune d'elles nous permette d'en déduire une preuve de la maturité. Cependant, lorsque les gelées forcent les feuilles à tomber, il n'est plus permis de différer la vendange, parce que le raisin, surtout le noir, n'est plus dans le cas de mûrir. Un plus long séjour sur le cep ne pourrait qu'en décider la putréfaction.

Dans les climats très-chauds où l'atmosphère conserve une très-grande sécheresse, et où, par conséquent, le raisin parvenu à maturité se dessèche et acquiert la propriété de donner du vin plus spiritueux et surtout plus liquoreux, on peut sans crainte retarder la vendange.

En 1769, les raisins encore verts, dit Rozier, ont été surpris par les gelées des 7, 8 et 9 octobre; ils n'ont plus rien gagné à rester sur le cep jusqu'à la fin du mois, et le vin a été acide et mal coloré.

Il est des qualités de vin qu'on ne peut obtenir qu'en laissant dessécher, sur le cep, les raisins qui doivent le fournir. C'est ainsi qu'à Rivesaltes, et dans les îles de Candie et de Chypre, on laisse faner le raisin avant de le couper. On dessèche le raisin qui fournit le Tokai. On procède de même pour quelques vins liquoreux d'Italie. Les vins d'Arbois et de Château-Châlons, en Franche-Comté, proviennent de raisins qu'on ne vendange qu'en décembre. A Condrieu, où le vin blanc est renommé, on ne vendange que dans le mois de novembre. En Touraine et ailleurs, on fait le *vin de paille*, en cueillant les raisins par un temps sec et un soleil ardent; on les étend sur des claies, sans qu'ils se touchent; on expose ces claies au soleil, et on les enferme lorsqu'il est passé; on enlève avec soin les grains qui pourrissent; et, lorsque le raisin est bien fané, on le presse et on le fait fermenter.

Olivier de Serres nous dit expressément que l'expérience a prouvé que *le point de la lune pour vendanger est toujours le meilleur en sa descente qu'en sa montée, pour la garde du vin*. Néanmoins il convient qu'il vaut mieux consulter le temps que la lune, lorsque le raisin est mûr; et nous sommes parfaitement de son avis.

Mais il est des climats où le raisin ne parvient jamais à maturité : tels sont presque tous les pays du nord de la France; et alors on est forcé de vendanger un raisin vert, pour ne pas l'exposer à pourrir sur le cep : l'automne humide et pluvieuse ne pourrait qu'ajouter à la mauvaise qualité du suc. Tous les vignobles des environs de Paris sont dans ce cas : aussi les vendanges y sont-elles plus avancées que dans le midi, où le raisin ne discontinue pas de mûrir, quoique la chaleur du soleil aille toujours en décroissant, parce que l'air y est sec.

Lorsqu'on a reconnu et constaté la nécessité de commencer la vendange, il y a encore bien des précautions à prendre avant d'y procéder. En général, il ne faut en entreprendre le travail que lorsque le sol et les raisins sont secs, et que, d'un autre côté, le temps paraît assez assuré pour que les travaux ne soient pas interrompus. Olivier de Serres recommande de ne vendanger que lorsque le soleil a dissipé la rosée que la fraîcheur des nuits dépose sur le raisin : ce conseil d'Olivier de Serres est d'autant plus judicieux, que l'observation a prouvé que le raisin cueilli dans un temps froid fermentait plus lentement et bien plus difficilement que lorsqu'on le cueille par un temps chaud.

Il faut donc non-seulement profiter d'un beau jour pour cueillir le raisin, mais il convient, autant que faire se peut, que la cueillette de tous ceux qui doivent composer une cuve de vendange se fasse à la même température ; et, dans le cas où cela serait impossible, il faut tenir les raisins dans un endroit chaud, pour qu'ils y prennent tous le même degré de chaleur avant le foulage.

Mais s'il est des précautions à prendre pour s'assurer du moment le plus convenable à la vendange, il en est encore d'indispensables pour pouvoir y procéder. Un agriculteur intelligent ne livre point à des mercenaires peu exercés ou maladroits la coupe du raisin ; et, comme cette partie du travail de la vendange n'est pas la moins importante, nous nous permettrons quelques réflexions à ce sujet.

1° Il convient de prendre un nombre suffisant de vendangeurs pour terminer la cuvée dans le jour ; c'est le seul moyen d'obtenir une fermentation bien égale.

2° Il faut n'employer que les personnes qui ont déjà contracté l'habitude de ce travail. Les élèves qu'on fait en ce genre doivent être peu nombreux.

3° Les travaux doivent être dirigés et surveillés par un homme sévère et intelligent.

4° Il convient de couper très-court les queues des raisins, et c'est avec de bons ciseaux qu'il faut faire cette opération. Dans le pays de Vaud, on détache la grappe avec l'ongle du pouce droit; en Champagne, on se sert d'une serpette, etc.

5° Il ne faut couper que les raisins sains et mûrs : tout ce qui est pourri doit être rejeté avec soin, et ceux qui sont encore verts doivent être laissés sur la souche.

On vendange en deux ou trois reprises dans tous les lieux où l'on est jaloux de soigner la qualité des vins. En général, la première cuvée provenant du premier triage, est toujours la meilleure : les raisins en sont mieux nourris, les grains de chaque grappe plus égaux, et la maturité est plus parfaite et plus uniforme dans toute la masse; d'ailleurs ce premier choix ne porte que sur les raisins qui, étant parvenus à maturité les premiers, ont été par conséquent mieux exposés au soleil que les autres, et doivent donner de meilleur vin.

Il est néanmoins des pays où l'on recueille presque tous les raisins indistinctement et en un seul temps : on exprime le tout sans trier, et l'on a des vins très-inférieurs à ce qu'ils pourraient être, si de plus grandes précautions étaient apportées dans l'opération de la vendange. Le Languedoc et la Provence nous offrent partout des exemples de cette négligence ; et je n'en vois pas d'autre cause que la trop grande quantité de vin qui repousse des soins minutieux, lesquels deviendraient, au reste, inutiles pour la très-grande partie des vins qu'on destine à la distillation. On doit aux agriculteurs de ces climats la justice de convenir que les vins destinés à la boisson sont traités avec bien plus de précautions. Il est même des cantons où l'on vendange en plusieurs reprises, surtout lorsqu'il est question de fabriquer des vins blancs. Cette méthode se pratique dans plusieurs vignobles des environs d'Agde et de Béziers. Ces réflexions nous confirment encore dans l'idée que chaque localité doit avoir des procédés propres, qu'il est toujours dangereux d'ériger en principes généraux.

M. Mourgues a consigné une observation

dans les journaux de physique, qui établit la nécessité, dans plusieurs cas, de vendanger en deux temps : en 1773, les vins furent très-verts en Languedoc, parce qu'un vent d'est très-violent et très-humide, qui souffla les 12, 13 et 14 juin, fit couler la vigne, qui était en fleur : les brouillards qui survinrent les 16 et 17, et la chaleur qui leur succédait dès les sept heures du matin, finirent par dessécher et brûler la fleur fatiguée. Les vents chauds, qui régnèrent vers la fin de juin, firent sortir une infinité de nouveaux raisins : la vendange fut faite du 8 au 15 octobre; la fermentation fut prompte et vive, mais de courte durée ; le vin fut vert et peu abondant. Le volume ne rendait pas. On eût obvié à cette mauvaise récolte en triant le raisin et en vendangeant en deux reprises.

Lorsqu'il est question de trier les raisins mûrs, on peut généralement se conduire d'après les principes suivants : ne couper que les raisins les mieux exposés, ceux dont les grains sont également gros et colorés ; rejeter tout ce qui est abrité et près de la terre ; préférer les raisins mûris à la base des sarments, etc.

Dans les vignobles qui fournissent les diverses qualités de vins de Bordeaux, on trie les raisins avec soin ; mais la manière de trier les raisins rouges diffère de celle qu'on suit pour trier les raisins blancs : dans les tries des rouges, on ne ramasse les grains ni pourris ni verts ; dans celles des blancs, on ramasse le pourri et le plus mûr ; et les tries ne recommencent que quand il y a beaucoup de grains pourris. Cette opération est tellement minutieuse dans certains cantons, tels que Sainte-Croix, Loupiac, etc., que les vendanges y durent jusqu'à deux mois. Dans le Médoc, on fait deux tries pour les vins rouges ; à Langon, on en fait trois ou quatre pour le raisin blanc ; à Sainte-Croix, cinq à six ; à Langoiran, deux à trois, et deux dans toutes les Graves. C'est ce qui résulte des renseignements qui m'ont été fournis par M. Labadie.

Dans quelques pays, on redoute une vendange composée de raisins parfaitement mûrs. On craint alors que le vin ne soit trop doux ;

et on y remédie en y mêlant de gros raisins moins mûrs.

Il est encore des pays où, le raisin ne parvenant jamais à une maturité absolue, et ne pouvant pas, par conséquent, développer cette portion de principe sucré nécessaire à la formation de l'alcool, on procède à la vendange avant même l'apparition des frimas, parce que le raisin jouit encore d'un principe acerbe qui donne une qualité toute particulière au vin. On a observé, dans tous ces endroits, qu'un degré de plus vers la maturité produit un vin de qualité différente.

6°. Lorsque le raisin est coupé, on doit le mettre dans des paniers, et avoir l'attention de ne pas les employer d'une trop grande capacité, pour éviter que les raisins ne se tassent, et que le suc ne coule à pure perte. Néanmoins, comme il est bien difficile que le raisin soit transporté de la vigne dans la cuve sans qu'on l'altère par la pression, et conséquemment sans qu'on l'exprime plus ou moins, on ne doit se servir du panier que pour recevoir les raisins à mesure qu'on les coupe ; et, dès qu'il est plein, on doit le vider dans un baquet ou dans une hotte pour effectuer commodément le transport jusqu'à la cuve. Ce transport se fait sur charrette, à dos d'homme ou à dos de mulet : les localités et les distances décident de l'emploi de l'un ou l'autre de ces trois moyens. La charrette, plus économique, sans doute, a l'inconvénient de fouler les raisins par une suite nécessaire des secousses qu'elle éprouve ; le mouvement du cheval est plus doux, plus régulier, et ne fatigue pas sensiblement la vendange ; la hotte est employée dans tous les pays où le raisin est peu mûr et ne risque pas de s'écraser, surtout dans le cas où le cellier n'est pas éloigné.

En Champagne, on dépose le raisin dans de grands paniers que l'on porte au pressoir à dos de cheval, et qu'on recouvre d'une longue toile pour amortir l'action du soleil et éviter toute fermentation ; on le tient à l'ombre jusqu'au soir.

CHAPITRE III.

DES MOYENS DE DISPOSER LE SUC DU RAISIN A LA FERMENTATION.

Le raisin mûr pourrit sur le cep, et nous pouvons regarder comme un pur effet de l'art la faculté de convertir le suc doux et sucré de ce fruit en une liqueur spiritueuse : c'est par la fermentation de ce suc exprimé que s'opère ce changement. La manière de disposer les raisins à la fermentation varie dans les divers pays : mais, comme les différences apportées dans une opération aussi essentielle reposent sur des principes, j'ai cru convenable de les faire connaître (1).

(1) Je ne donnerai la théorie de la fermentation qu'à la fin de l'ouvrage. Il ne s'agit ici que de la pratique et des phénomènes que l'expérience et l'observation nous présentent. La théorie devient facile lorsqu'on la fait précéder de tous les faits qui doivent l'établir.

Pline (*de Bieo vino apud Græcos clarissi-mo*) nous apprend qu'on cueillait le raisin un peu avant la maturité ; qu'on le séchait à un soleil ardent pendant trois jours, en le retournant trois fois par jour, et que le quatrième on l'exprimait.

En Espagne, surtout dans les environs de Saint-Lucar, on laisse les raisins exposés, pendant deux jours, à toute l'ardeur du soleil.

En Lorraine, dans une partie de l'Italie, dans la Calabre et l'île de Chypre, on sèche les raisins avant de les presser. C'est surtout lorsqu'on se propose de fabriquer des vins blancs liquoreux, qu'on dessèche le raisin pour en épaissir le suc et modérer par là la fermentation.

Il paraît que les anciens connaissaient non-seulement l'art de dessécher les raisins au soleil, mais encore qu'ils n'ignoraient pas le procédé employé pour cuire et rapprocher le moût ; ce qui leur avait fait distinguer trois sortes de vins cuits, *passum*, *defrutum* et *sapa*. Le premier se faisait avec des raisins desséchés au soleil ; le second s'obtenait en réduisant le moût de moitié à l'aide du feu ; et le troisième provenait d'un moût tellement rapproché qu'il n'en restait plus que le tiers ou le quart. On peut consulter, dans Pline et Dioscoride, des détails très-intéressants sur toutes ces opérations, de même que dans le *Recueil des Géoponiques*, livres VI et VII. Ces méthodes sont encore usitées de nos jours ; et nous verrons, en parlant de la fermentation, qu'on peut la diriger et la gouverner d'une manière avantageuse, en épaississant une portion du moût, qu'on mélange ensuite avec le reste de la masse ; nous verrons encore que ce moyen est infaillible pour donner à tous les vins un degré de force que la plupart ne sauraient acquérir sans cela.

Une grande question a longtemps divisé les agriculteurs : savoir, s'il est avantageux d'égrapper ou de ne pas égrapper les raisins. L'une et l'autre des deux méthodes ont des partisans, et chacune des deux peut citer des écrivains de mérite en sa faveur. Je pense qu'ici, comme dans beaucoup d'autres cas, on a été peut-être trop exclusif ; et, en ramenant la question à son véritable point de vue, il nous sera facile de terminer le différend.

Il est de fait que la grappe est âpre et austére, et l'on ne peut pas nier que les vins qui proviennent des raisins non égrappés ne participent de cette qualité. Mais il est des vins faibles et presque insipides, tels que la plupart de ceux qu'on récolte dans les pays humides, où la saveur légèrement âpre de la grappe relève la fadeur naturelle de cette boisson. C'est ainsi que, dans l'Orléanais, après avoir commencé à égrapper le raisin, on a été forcé d'abandonner cette méthode, parce qu'on a observé que les raisins qu'on faisait égrapper fournissaient des vins qui tournaient plus aisément au gras. Il résulte encore, des expériences de Dom Gentil (1), que la fermentation

____

(1) Dom Gentil appartenait à l'ordre des Bernardins, propriétaires de bons vignobles en Bourgogne : c'est dans cette province qu'il a fait les belles et nombreuses expériences dont nous parlons dans cet ouvrage ; elles sont consignées dans un mémoire qui a été présenté au concours à la Société royale des sciences de Montpellier, où il n'a obtenu que le second

marche avec plus de force et de régularité dans du moût mêlé avec la grappe que dans celui qui en a été dépouillé; de manière que, sous ce rapport, la grappe peut être considérée comme un ferment avantageux dans tous les cas où l'on pourrait craindre que la fermentation ne fût lente et incomplète.

Dans les environs de Bordeaux, on égrappe avec soin tous les raisins rouges, lorsqu'on se propose d'avoir du bon vin; mais on modifie encore cette opération d'après le degré de maturité du raisin : on égrappe beaucoup lorsque la vendange est peu mûre, ou lorsqu'elle a été gelée avant la cueillette; mais, lorsque le raisin est très-mûr, on égrappe avec moins de soin pour éviter la trop grande douceur. M. Labadie observe, dans les renseignements qu'il m'a fournis, qu'il faut même laisser de la grappe pour faciliter la fermentation.

On n'égrappe point les raisins blancs; et

prix, tandis qu'on a accordé le premier prix à une rapsodie théorique, que l'intrigue de son auteur (l'abbé Bertholon) a fait prévaloir.

l'expérience a prouvé que les raisins égrappés fournissaient des vins moins spiritueux et plus disposés à *graisser*.

Sans doute la grappe n'ajoute ni au principe sucré, ni à l'arome, et, sous ce double point de vue, elle ne saurait contribuer, par ses principes, ni à la spirituosité, ni au parfum du vin ; mais sa légère âpreté peut avantageusement corriger la faiblesse de quelques vins : en outre, en facilitant la fermentation, elle concourt à opérer une décomposition plus complète du moût et à produire plus d'alcool.

Sans nous écarter du sujet qui nous occupe, nous pouvons encore considérer les vins sous deux points de vue, d'après leurs usages : ils sont tous employés à la boisson ou à la distillation. On exige, dans les premiers, des qualités qui seraient inutiles aux seconds : le goût, qui fait presque tout le mérite des uns, n'ajoute rien aux qualités des autres. Ainsi, lorsqu'on destine un vin à être brûlé, on ne doit s'occuper que des moyens d'y développer beaucoup d'alcool ; peu importe que la liqueur soit âpre ou non :

dans ce cas, il ne faut pas égrapper le raisin. Il est même plus avantageux de ne pas égrapper, puisque la fermentation en devient plus parfaite. Mais, si le vin est préparé pour la boisson, il faut alors tâcher de lui concilier une saveur agréable avec un parfum exquis ; et, à cet effet, on évitera, on écartera avec soin tout ce qui pourrait altérer ces précieuses qualités. D'après cela, il est avantageux de soustraire la grappe à la fermentation, de trier le raisin, de le nettoyer avec précaution.

Il est généralement reconnu que la grappe produit les effets suivants : 1° elle facilite la fermentation ; 2° elle contribue à donner de la *durée* au vin ; 3° elle produit un peu de dureté ou d'âpreté dans la liqueur. C'est d'après ces effets bien constatés qu'il faut se conduire. En conservant la grappe dans la fermentation, on donne au vin la propriété de pouvoir être gardé plus longtemps, mais on le rend plus dur : c'est à l'agriculteur à calculer les avantages et les inconvénients, et à se décider d'après ses intérêts ou le but qu'il se propose.

C'est probablement d'après la connaissance de ces effets que l'expérience remet
chaque jour sous les yeux de l'agriculteur,
plutôt que par une suite du caprice ou de
l'habitude, qu'on égrappe les raisins dans
certains pays, et qu'on n'égrappe pas dans
d'autres.

Dans le Midi, où le vin est naturellement
généreux, la grappe ne pourrait qu'ajouter
une âpreté désagréable à une boisson déjà
trop forte par sa nature ; aussi presque tous
les raisins destinés à former des vins pour la
boisson sont-ils égrappés, tandis que ceux
qui sont réservés pour la distillation fermen-
tent avec leur grappe.

Mais ce qui pourra paraître bien étonnant,
c'est que, dans le même canton sur divers
points de la France, nous voyons des agro-
nomes qui égrappent et se louent de leur
méthode, lorsque, à côté, des agriculteurs
également habiles repoussent cet usage, et
cherchent, comme les autres, à appuyer
leurs procédés par le résultat de leur expérience. L'un fait un vin plus délicat, l'autre
l'obtient plus fort ; tous deux trouvent des

partisans de leur boisson : c'est ici une affaire de goût qui ne contredit point les principes que nous avons posés.

En général, pour égrapper le raisin, on se sert d'une fourche à trois becs, que l'ouvrier tourne et agite circulairement dans la cuve où sont déposés les raisins : par ce mouvement rapide, il détache les grains de la grappe, et ramène celle-ci à la surface, d'où il l'enlève avec la main.

On peut égrapper encore avec un crible ordinaire, formé de brins d'osier séparés l'un de l'autre d'environ neuf à quatorze millimètres, et surmonté d'un bourrelet d'osier serré.

Mais qu'on égrappe ou qu'on n'égrappe pas, il est indispensable de fouler le vin pour en faciliter la fermentation, et on y procède généralement à mesure que la vendange arrive de la vigne (1). Le procédé est

______

(1) Il serait néanmoins plus avantageux de ramasser toute la vendange qui est nécessaire pour remplir une cuve, et de ne la fouler que lorsqu'elle peut fournir assez de moût pour une cuvaison ; par ce moyen, en peu de temps, on remplirait la cuve, et la fermentation s'y ferait simultanément ; elle commencerait et finirait en même temps sur toute la masse,

à peu près le même partout : cette opération s'exécute le plus communément dans une caisse carrée, ouverte par le haut, et d'environ un mètre et demi de largeur. En Champagne, on appelle cette caisse *martyr*. Les côtés et le fond sont formés de liteaux de bois qui laissent entre eux un assez petit intervalle pour que le grain du raisin ne puisse pas y passer. Cette caisse est placée sur la cuve, où elle est soutenue par deux poutres qui reposent sur le bord de la cuve elle-même. On verse la vendange dans la capacité de la caisse à mesure qu'elle arrive, et de suite un ouvrier la foule fortement et également par le moyen de gros sabots ou de forts souliers dont ses pieds sont armés. Il exécute cette

ce qui est extrêmement avantageux pour le résultat. La méthode contraire, qui consiste à fouler à mesure qu'on apporte le raisin de la vigne, ne peut être indifférente que dans les climats méridionaux, où le raisin très-sucré reste dans la cuve pendant dix à quinze jours ; mais elle serait très-préjudiciable dans les pays où le raisin peu sucré ne peut pas fermenter longtemps. Aussi voit-on que, dans tous ces derniers vignobles, on emploie plusieurs hommes à fouler dans la cuve dès que la vendange y est ramassée, et qu'on y fait la cueillette du raisin le plus promptement possible.

opération en s'appuyant des deux mains sur les bords de la caisse, et piétinant avec rapidité sur la couche de la vendange. Le suc qu'il en exprime coule dans la cuve à travers les interstices que laissent entre eux les liteaux ; la seule pellicule de raisin reste dans la cage ; et, du moment que l'ouvrier reconnaît que tous les grains sont exprimés, il soulève une planche qui forme une partie de l'un des côtés, et pousse le marc avec le pied dans la cuve ou hors de la cuve, selon qu'on a le projet de faire fermenter le marc avec le moût, ou non. Cette porte glisse entre deux coulisses formées par deux liteaux appliqués perpendiculairement sur une des surfaces latérales. A peine l'ouvrier a-t-il nettoyé la caisse de ce premier produit, qu'on introduit de nouveaux raisins pour les fouler de la même manière, et on opère de la sorte jusqu'à ce que la cuve soit pleine, ou que la vendange soit terminée.

Il est des pays où l'on foule le raisin dans des baquets. Cette méthode est peut-être meilleure, quant à l'effet, que la première ; mais elle est plus lente, et ne paraît pas pouvoir être employée dans les pays de vignobles considérables.

Dans les vignobles du centre de la France, on porte la vendange sur un grand plateau de bois légèrement incliné; un ouvrier foule le raisin et l'écrase sous ses sabots, le moût coule dans un réservoir d'où on le retire pour le verser dans une cuve où doit se faire la fermentation, et on y jette le marc en même temps. Ce procédé est très-imparfait, en ce que la plupart des grains ne sont pas écrasés, et que, par conséquent, ils n'éprouvent aucune fermentation, de sorte que, lorsqu'on soumet ensuite le marc au pressoir, le vin qui en est extrait est un mélange de moût et de vin.

Il est encore des pays où l'on verse la vendange dans la cuve à mesure qu'elle arrive de la vigne, et on l'y foule légèrement; dès que la fermentation commence à s'y établir, on enlève avec soin le moût qui surnage, pour le porter dans des tonneaux où se termine la fermentation. Le résidu est ensuite exprimé sous le pressoir, pour former un vin généralement plus coloré et moins parfumé que le premier.

En Bourgogne, dès qu'on a versé dans la cuve toute la vendange qu'on veut faire fermenter, deux à trois hommes descendent dans l'intérieur; ils foulent avec les pieds et expriment avec la main tous les raisins qui sont dans le fond ou qui nagent dans le liquide. On n'arrête le foulage que lorsqu'il paraît qu'il n'existe plus de grains à écraser.

En général, quelle que soit la méthode qu'on adopte pour le foulage du raisin, nous pouvons réduire au principe suivant ce qui concerne cette opération importante.

Le raisin ne saurait éprouver la fermentation spiritueuse si, par une pression convenable, on n'en extrait pas le suc pour le soumettre à l'action des causes qui déterminent le mouvement de fermentation.

Il suit de cette vérité fondamentale que non-seulement on doit employer les moyens nécessaires pour fouler les raisins, mais que l'opération ne sera parfaite qu'autant que tous les grains le seront également : sans cela, la fermentation ne saurait marcher d'une manière uniforme : le suc exprimé terminerait sa période de décomposition avant même que les grains qui ont échappé au foulage eussent commencé la leur ; ce qui dès lors présenterait un tout dont les éléments ne seraient plus en rapport. Cependant, si on examine le produit du foulage déposé dans une cuve, on se convaincra facilement que la compression a été toujours inégale et imparfaite : il suffit de réfléchir un instant sur les procédés grossiers employés pour fouler le raisin, pour ne plus s'étonner de l'imperfection même des résultats.

Il paraît donc que, pour donner à cette portion très-intéressante du travail de la vendange le degré de perfectionnement convenable, il faudrait soumettre à l'action du foulage tous les raisins qui doivent former une cuvée. Le suc en serait reçu dans la cuve, et là on l'abandonnerait à la fermentation spontanée. Par ce seul moyen, le mouvement de décomposition s'exercerait sur toute la masse d'une manière égale ; la fermentation serait uniforme et simultanée sur toutes les parties, et les signes qui l'annoncent, l'accompagnent ou la suivent ne seraient plus troublés ni obscurcis par des mouvements partiels.

Sans doute, le moût, débarrassé de son marc et de la grappe par ce procédé, produirait un vin moins coloré, et peut-être d'une conservation plus difficile ; mais il serait aisé d'obvier à tous ces inconvénients en mêlant le marc exprimé avec le moût pour les faire fermenter ensemble. Alors on aurait tous les avantages de l'ancienne méthode de foulage, et l'on y réunirait ceux de la nouvelle, qui sont incontestables, puisque, par ce moyen, on se procure une fermentation aussi égale que possible, et que l'on évite ces fermentations partielles et imparfaites qui ne peuvent fournir qu'un résultat vicieux.

C'est par une suite du principe que nous venons de développer, que l'on doit avoir l'attention de remplir la cuve dans vingt-quatre heures. En Bourgogne, les vendanges se terminent dans deux à trois jours dans chaque canton. Les nombreux ouvriers qui s'y rendent pour travailler à la vendange parcourent successivement tous les cantons, et fournissent assez de bras pour que la vendange y soit terminée en peu de jours dans chacun. Un temps trop long entraîne le grave inconvénient d'une suite de fermentations successives, qui, par cela seul, sont toutes imparfaites : une portion de la masse a déjà fermenté lorsque la fermentation commence à peine dans une autre portion. Le vin qui en résulte est donc un vrai mélange de plusieurs vins plus ou moins fermentés. En Italie, où le climat et le sol sont si favorables à la culture de la vigne, et où les vins ne pourraient être qu'excellents si on savait y cultiver d'après de bons principes et faire la vendange d'après les méthodes les plus avantageuses, on cueille les raisins, pour la même cuve, en plusieurs jours; on verse successivement dans la cuve la récolte de chaque jour, et on n'a, par ce moyen, qu'une fermentation imparfaite, toujours troublée; de sorte qu'il est impossible d'avoir du bon vin en suivant une méthode aussi vicieuse. On y emploie quelquefois quinze à vingt jours pour remplir une cuve dans laquelle on verse chaque jour.

L'agriculteur intelligent et jaloux de ses produits, doit donc déterminer le nombre des vendangeurs d'après la capacité connue de sa cuve; et, lorsqu'une pluie inattendue vient suspendre les travaux de sa récolte, il doit laisser fermenter séparément ce qui se trouve déjà ramassé et déposé dans la cuve, plutôt que de s'exposer, quelques jours après, à en troubler le mouvement, et à en altérer la nature par l'addition d'un moût aqueux et frais.

Quoique les vendanges se fassent généralement de la manière dont nous venons de l'indiquer, on ne peut pas cependant regarder cette méthode de fouler les raisins et de faire fermenter en cuve, comme absolue et exclusive : lorsqu'il s'agit d'obtenir des vins blancs, on procède d'une manière très-différente. En Champagne, par exemple, on fait fermenter les vins rouges en cuve, et on foule les raisins dans le *martyr;* mais, dans les cantons où l'on travaille les vins blancs mousseux, on s'écarte beaucoup de cette méthode (1).

(1) Les détails que je donne ici sur la fabrication des vins

On cueille avec choix les raisins les plus mûrs et les plus sains, on rejette les grains secs, pourris ou froissés, et on les dépose dans de grands paniers qu'on transporte au pressoir à dos de cheval, en ayant la précaution de les recouvrir avec une longue toile pour les préserver de l'ardeur du soleil et éviter toute fermentation.

Les paniers ramenés pendant la journée sont versés le soir sur le pressoir, que l'on charge, selon sa force et ses dimensions, depuis vingt jusqu'à quarante paniers (1).

On appelle cela *former et charger un marc de raisin*, ou *faire un sac*.

Cette première opération faite, le pressoir étant bien lavé, bien nettoyé et bien graissé, on presse la vendange de trois *serres* successives et rapides dans certains cantons, et de deux *serres* et le flot de la troisième dans

blancs en Champagne m'ont été fournis par M. Germon, habile agriculteur d'Épernay ; ces détails termineront ce chapitre, parce que tous les procédés employés pour extraire le suc des raisins y sont clairement présentés.

(1) Deux paniers peuvent produire une demi-pièce de vin : ainsi quarante paniers donneraient dix à douze pièces de deux cents bouteilles chaque.

d'autres. Cette opération de trois serres doit être faite en moins d'une heure, lorsque les ouvriers sont habitués aux manœuvres du pressoir.

Le suc du raisin coule dans une petite cuve appelée *barlou*, placée sous le pressoir.

Les trois serres étant données, le moût qui en est le produit s'appelle *vin d'élite*, *vin de choix*, et improprement *vin de cuvée*. Ce vin d'élite se porte du barlou dans une cuve, où il passe toute la nuit pour y déposer.

Le lendemain matin, les pressureurs le portent et l'*entonnent* dans des poinçons préparés, *méchés* et bien rincés.

Comme il reste encore du moût dans les marcs, on leur donne une nouvelle serre, qu'on appelle *première taille ;* le vin qui en provient entre souvent dans le vin de choix : on laisse égoutter cette serre environ une heure.

On donne une seconde serre, qu'on appelle *seconde taille* ou *vin de tisane.*

On en donne une troisième ou *troisième*

taille; mais dans celle-ci le vin est *taché* et dur.

Enfin vient le vin de rebéchage, ainsi appelé parce que les pressureurs *rebéchent, détassent* et *émiettisent* le marc du raisin, dont ils pressent deux et trois fois encore le résidu, jusqu'à ce qu'il soit complétement desséché : on appelle ces opérations *sécher les marcs.*

On porte successivement et on entonne dans les poinçons les vins des premières, secondes et troisièmes tailles, à mesure de leur extraction.

Lorsqu'on veut faire du *vin rosé,* on foule et égrappe légèrement les raisins, on les recouvre et on les laisse entrer en fermentation; alors on les porte au pressoir, et on leur donne les mêmes *serres* que pour le vin blanc, excepté les dernières serres ou tailles, qu'on fait cuver avec des raisins qui les colorent.

Le vin blanc qui a été déposé dans les poinçons se met d'abord en fermentation tumultueuse; elle dégénère bientôt en fermentation insensible.

Lorsque, vers la fin de décembre, le vin a subi une convenable élaboration, il s'éclaircit; et, par un temps sec et une belle gelée, on le soutire et on le colle avec la colle de poisson, qu'on emploie dans la proportion d'environ demi-once ou quatre décagrammes par pièce.

Le vin reprend une légère fermentation; un mois ou six semaines après, on le soutire de nouveau, on le colle avec moitié de la proportion de celle employée la première fois.

Le vin reste dans cet état jusqu'au mois de mars, époque où on le met en bouteilles.

Comme la fermentation n'est pas terminée entièrement à l'époque du *tirage* en bouteilles, on éprouve, à différents temps, des casses de bouteilles qui continuent depuis le milieu du mois d'août jusqu'au mois de mars suivant.

Ce n'est que quinze à dix-huit mois après le tirage en bouteilles, que la fermentation paraît avoir fait son effet, et c'est à cette époque qu'on soutire les vins blancs, pour enlever le dépôt qui s'est formé dans la bouteille.

Lorsque les vins blancs de Champagne ont été traités avec toutes les précautions convenables, on peut les conserver sans altération pendant quinze et vingt ans.

CHAPITRE IV.

DES PHÉNOMÈNES DE LA FERMENTATION ET DES MOYENS DE LA GOUVERNER (1).

Le moût n'est pas encore dans la cuve, qu'il commence à fermenter : celui qui s'écoule du raisin, par la pression ou par les secousses qu'il reçoit dans le transport, travaille et *bout* avant qu'il soit parvenu dans la cuve : c'est un phénomène dont on peut aisément se rendre témoin en suivant les vendangeurs dans les climats chauds, et examinant avec attention le moût qui sort du

---

(1) Nous nous bornerons à faire connaître ici les faits et les phénomènes que présente la fermentation du moût de raisin ; nous ne nous occuperons de l'étiologie ou de la théorie de cette importante opération qu'après avoir rappelé, préalablement, tout ce que la pratique nous met chaque jour sous les yeux.

raisin, et reste confondu avec la grappe dans le vase qui sert à le transporter.

Les anciens séparaient avec soin le premier suc, qui ne peut provenir que des raisins les plus mûrs, et qui coule naturellement par l'effet de la plus légère pression exercée sur eux ; ils le faisaient fermenter séparément, et en obtenaient une boisson délicieuse, qu'ils appelaient *protropum. Mustum sponte defluens, antequam calcentur uvæ.* Baccius a décrit un procédé semblable, pratiqué par les Italiens : *Qui primus liquor non calcatis uvis defluit, vinum efficit virgineum, non inquinatum fæcibus; lacrymam vocant Itali; cito potui idoneum fit et valde utile.* Mais cette liqueur vierge ne forme qu'une partie du suc que le raisin peut fournir, et il n'est permis de la traiter séparément que lorsqu'on veut obtenir un vin peu coloré et très-délicat. En général, on mêle cette première liqueur avec le reste du produit du foulage, et on livre le tout à la fermentation.

La fermentation vineuse s'exécute constamment dans des cuves de pierre ou de bois. Leur capacité est, en général, proportionnée à la quantité de raisins qu'on récolte dans un vignoble. Celles qui sont construites en maçonnerie sont, pour l'ordinaire, fabriquées avec de la bonne pierre de taille ; et les parois intérieures en sont souvent revêtues d'un contre-mur bâti en briques liées et assemblées par un ciment de pouzzolane ou de terre d'eau-forte. Les cuves en bois demandent plus d'entretien, reçoivent les variations de température avec plus de facilité, et exposent à plus d'accidents.

Avant de déposer la vendange dans une cuve, on doit avoir l'attention de nettoyer la cuve avec le plus grand soin : ainsi on la lave avec de l'eau tiède, on la frotte fortement, et on en enduit les parois avec de la chaux à deux ou trois couches, lorsqu'elle est en pierre. En Bourgogne, après avoir nettoyé avec l'eau, on passe un peu d'eau-de-vie sur les parois des cuves, qui y sont toutes en bois.

Les anciens donnaient une grande importance aux moyens de préparer la cuve.

Non-seulement ils la frottaient avec divers liquides, tels que des décoctions de plantes aromatiques, de l'eau salée, du moût bouillant, etc.; mais ils y brûlaient ensuite des aromates, comme on peut le voir dans le livre vi du *Recueil des Géoponiques*.

Comme tout le travail de la vinification se fait dans la fermentation, puisque c'est par elle seule que le *moût* passe à l'état de *vin*, nous croyons devoir envisager cette question importante sous plusieurs points de vue. Nous nous occuperons d'abord des causes qui contribuent à produire la fermentation; nous examinerons ensuite ses effets ou son produit, et nous terminerons par déduire, de nos connaissances actuelles, quelques principes généraux qui pourront diriger l'agriculteur dans l'art de la gouverner.

SECTION PREMIÈRE.

Des causes qui influent sur la fermentation.

Il est reconnu que, pour que la fermentation s'établisse et suive ses périodes d'une manière régulière, il faut des conditions que l'observation nous a appris à connaître. Un certain degré de chaleur, le contact de l'air, l'existence d'un principe végéto-animal et d'un principe sucré dans le moût, telles sont à peu près les conditions jugées nécessaires. Nous tâcherons de faire connaître ce qui est dû à chacune d'elles.

ARTICLE PREMIER.

De l'influence de la température sur la fermentation.

On regarde assez généralement le 15ᵉ degré au-dessus de zéro au thermomètre de Réaumur, comme celui qui indique la température la plus favorable à la fermentation spiritueuse : elle languit au-dessous de ce degré, et elle devient trop tumultueuse au-dessus. Elle n'a même pas lieu à une température très-froide ou très-chaude. Plutarque avait observé que le froid pouvait empêcher la fermentation, et que celle du moût était toujours proportionnée à la température de l'atmosphère (*Quest. nat.* 27).

Il suit de ces principes que, lorsque la

température du lieu où la fermentation doit se faire n'est pas au moins au 12e degré de Réaumur, il faut l'y élever par des moyens artificiels : on peut mêler du moût bouillant dans la masse pour la porter à la température convenable, et chauffer le cellier par des poêles ou des réchauds pour y maintenir cette température. En Bourgogne, on introduit dans le moût un cylindre semblable à ceux dont on se sert pour chauffer les baignoires, et on porte, par ce moyen, la température au degré convenable.

Un phénomène extraordinaire, mais qui paraît constaté par un assez grand nombre d'observations pour mériter toute croyance, c'est que *la fermentation est d'autant plus lente que la température est plus froide au moment où se font les vendanges.* Rozier a vu, en 1769, que du raisin cueilli les 7, 8 et 9 octobre est resté dans la cuve jusqu'au 19 sans qu'il parût le moindre signe de fermentation ; le thermomètre avait été, le matin, à un degré et demi au-dessous de zéro, et s'était maintenu, dans le jour, à 2 degrés au-dessus. La fermentation n'a été complète que le 25, tandis que de semblables raisins, récoltés le 16 à une température beaucoup moins froide, ont terminé leur fermentation le 21 ou 22. Le même fait a été observé en 1740.

Cette observation mérite beaucoup d'attention : elle nous prouve que, lorsque le moût très-froid est déposé dans une cuve, il conserve sa température pendant longtemps, et il la conserve d'autant plus, que la température du lieu où la cuve est établie est plus froide. Dans ce cas, la fermentation ne peut être que très-lente et imparfaite : mais on peut obvier à cet inconvénient en faisant chauffer une partie du moût, qu'on verse dans la cuve jusqu'à ce que le tout ait pris la chaleur nécessaire pour une bonne fermentation, et en élevant la température du cellier au 15ᵉ degré.

On a observé, en Champagne, que le raisin cueilli le matin se mettait moins vite en fermentation que le raisin cueilli l'après-midi par un beau soleil, un temps serein et pur. Les brouillards, les temps humides, les petites gelées, sont autant de circonstances qui retardent la fermentation. C'est pour cela qu'il ne faut cueillir le raisin que lorsqu'il est bien sec et échauffé par le soleil.

J'ai fait quelques expériences dont les résultats sont d'accord avec ces principes : elles prouvent même que, lorsque la température trop froide de la liqueur qu'on met à fermenter ne lui permet pas de produire de suite les phénomènes qui appartiennent à la fermentation, il est très-difficile de les rétablir complétement par la chaleur.

J'ai délayé de l'extrait du moût de raisin (raisiné), dans de l'eau à 4 degrés de chaleur au-dessus de la glace fondante; j'y ai mis de la levure pour hâter la fermentation : la fermentation s'est développée en assez peu de temps, lorsque la température du liquide a été élevée à 16 degrés; mais elle a cessé fort vite.

Pareille quantité d'extrait délayé et chauffé à la température de 16 degrés, pendant deux jours, avant d'y mettre la levure, a subi une fermentation plus régulière et plus complète.

Il serait donc avantageux de conserver les raisins dans un lieu chaud, lorsqu'on les a cueillis par un temps froid, et de ne les fouler que lorsqu'ils ont pris une température de 15 degrés.

On peut conclure de ce qui précède :

1° Qu'on doit cueillir le raisin avec la chaleur, et qu'on ne doit commencer la vendange que lorsque le soleil a dissipé la rosée de la nuit et échauffé la vigne ;

2° Qu'on doit cueillir tout le raisin qui est nécessaire pour former une cuve, dans le moins de temps possible ;

3° Que, si le raisin est cueilli à des températures très-différentes de l'atmosphère, il convient de l'exposer dans un lieu chaud ou au soleil, pour que toute la masse prenne une température égale ;

4° Que la température du moût doit être au moins de 12 degrés à l'échelle de Réaumur, et que, si elle est au-dessous, il faut la porter à ce degré par une chaleur artificielle ;

5° Qu'il faut que la température du cellier soit au moins à 15 degrés, et ne soit pas variable ;

6° Qu'il convient de couvrir la cuve avec des planches sur lesquelles on étend des toiles ou des couvertures, pour conserver une chaleur égale au liquide qui fermente.

ARTICLE II.

De l'influence de l'air dans la fermentation.

Nous avons vu, dans l'article précédent, qu'on peut modérer et retarder la fermentation en soustrayant le moût à l'action directe de l'air et en le tenant exposé à une température froide. Quelques chimistes, d'après ces faits, ont regardé la fermentation comme ne pouvant avoir lieu que par l'action de l'air atmosphérique; mais un examen plus attentif de tous les phénomènes qu'elle présente dans ses divers états nous permettra d'accorder une juste valeur à toutes les opinions qui ont été émises à ce sujet.

Sans doute, l'air est favorable à la fermentation : cette vérité nous est acquise par la réunion et l'accord de tous les faits connus;

car, sans lui, sans son contact, le moût se conserve longtemps sans changement, sans altération. Mais il est également prouvé que, quoique le moût, enfermé dans des vases bien clos, y subisse très-lentement ses phénomènes de fermentation, elle ne se termine pas moins à la longue, et que le vin qui en est le produit n'en est que plus généreux. C'est là ce qui résulte des expériences de Dom Gentil.

Si l'on délaye, dans l'eau, un peu de levure de bière avec de la mélasse, qu'on introduise ce mélange dans un flacon à bec recourbé, et qu'on fasse ouvrir le bec du flacon sous une cloche pleine d'eau et renversée sur la planchette de la cuve hydro-pneumatique, à la température de 12 à 15 degrés, on verra paraître constamment les premiers phénomènes de la fermentation, quelques minutes après que l'appareil a été placé. Le vide du flacon ne tarde pas à se remplir de bulles et d'écume ; il passe beaucoup d'acide carbonique sous la cloche, et ce mouvement ne s'apaise que lorsque la liqueur est devenue vineuse. Dans aucun cas, je n'ai vu qu'il y eût absorption d'air atmosphérique.

Si, au lieu de donner une libre issue aux matières gazeuses qui s'échappent par le travail de la fermentation, on s'oppose à leur dégagement en tenant la masse fermentante dans des vaisseaux clos, alors le mouvement se ralentit, et la fermentation ne se termine que péniblement et par un temps très-long.

Il paraîtrait, d'après ces faits, que le contact de l'atmosphère n'est pas nécessaire à la fermentation, puisqu'elle peut avoir lieu dans des vaisseaux clos; mais il s'agissait de savoir si les bulles d'air, dispersées dans la masse du liquide, ou la couche de ce fluide reposant sur la matière fermentescible, ne jouaient pas un rôle dans cette opération.

M. Gay-Lussac a fait une expérience qui jette le plus grand jour sur cette question : il a introduit des raisins bien mûrs sous une éprouvette de mercure; et, pour chasser toutes les petites bulles d'air adhérentes aux parois, il l'a remplie successivement, et à plusieurs reprises, d'acide carbonique et de mercure; il a ensuite écrasé le raisin avec un tube dont il a dépouillé la surface de tout globule d'air en le frottant dans le bain mercuriel; le moût n'a

éprouvé aucune fermentation, quel qu'ait été
le degré de chaleur auquel on l'ait porté. Mais
la température étant à 20 et 25 degrés, il a
introduit quelques bulles de gaz oxygène, et
la fermentation s'est établie à tel point, dans
l'espace de quelques minutes, que la cloche
s'est remplie d'acide carbonique.

Il suit de cette belle expérience que l'air
imprime le premier mouvement à la fermentation, et qu'elle continue ensuite sans le
secours de cet agent extérieur.

Le contact de quelques bulles d'air détermine une première combinaison de l'oxygène
avec le carbone; dès ce moment, l'équilibre est
rompu entre les principes qui constituent le
moût, leur combinaison est imparfaite, et la
nature travaille à en former de nouvelles.

L'air est donc le premier ferment qui commence la décomposition du moût; la réaction
entre les principes constituants donne lieu à
la formation de nouveaux composés qui changent sa nature primitive.

Le contact de l'air atmosphérique n'est
donc plus nécessaire du moment que la fermentation a commencé; et, s'il paraît utile

d'établir une libre communication entre le moût et l'atmosphère, c'est parce que les substances gazeuses qui se forment dans la fermentation peuvent alors s'échapper aisément en se mêlant ou en se dissolvant dans l'air ambiant. Il suit encore de ce principe que, lorsque le moût sera disposé dans des vases fermés, l'acide carbonique trouvera des obstacles à sa volatilisation; il sera contraint de rester interposé dans le liquide; il s'y dissoudra en partie, et, faisant effort continuellement contre le liquide et chacune des parties qui le composent, il ralentira et éteindra presque complétement la fermentation.

Ainsi, pour que la fermentation s'établisse et parcoure ses périodes d'une manière prompte et régulière, il faut une libre communication entre la masse fermentante et l'air atmosphérique : alors les principes qui se dégagent par le travail de la fermentation sont versés commodément dans l'atmosphère, qui leur sert de véhicule; et la masse fermentante peut, dès ce moment, éprouver, sans obstacle, des mouvements de dilatation et d'affaissement.

Si le vin fermenté dans des vases fermés est

souvent plus généreux et plus agréable au goût, la raison en est qu'il a retenu le bouquet et l'alcool, qui se perdent, en partie, dans une fermentation qui se fait à l'air libre; car, outre que la chaleur les dissipe, l'acide carbonique les entraîne dans un état de dissolution absolue, ainsi que nous le verrons par la suite.

Le libre contact de l'air atmosphérique précipite la fermentation, et occasionne une grande déperdition de principes en alcool et bouquet, tandis que, d'un autre côté, la soustraction à ce contact ralentit le mouvement, menace d'explosion et de rupture, et la fermentation n'est complète qu'à la longue. Il est donc des avantages et des inconvénients de part et d'autre. En général, on obtient d'heureux résultats en couvrant la cuve avec des planches, sur lesquelles on étend des couvertures ou de vieilles toiles : par ce moyen, on n'interrompt pas toute communication avec l'air atmosphérique, et conséquemment on ne craint ni de ralentir la fermentation, ni de s'exposer à des explosions, qu'on doit craindre lorsqu'on oppose un obstacle invincible à la volatilisation des gaz; et on a l'avantage de régulariser la fermentation, d'en rendre la marche plus égale, d'entretenir une température plus élevée, d'éviter la déperdition d'une grande quantité d'esprit-de-vin, de prévenir l'acétification du marc et des écumes qui forment *chapeau* sur la masse qui fermente, de soustraire la fermentation à toutes les variations de la température de l'atmosphère, de conserver l'arome ou le bouquet qui fait le caractère précieux de quelques vins.

L'expérience a déjà prouve que cette méthode est excellente, et qu'elle contribue puissamment à obtenir une bonne fermentation : elle est facile à mettre en pratique ; elle est peu coûteuse dans l'exécution ; et ma correspondance avec les agriculteurs m'a constamment appris que, partout, elle a été suivie des meilleurs effets.

Au reste, cette méthode est avantageuse dans tous les cas ; mais elle l'est, surtout, lorsque la température est froide, lorsqu'il y a des variations du chaud au froid pendant le cuvage de la vendange, lorsque le raisin a été cueilli froid ou mouillé, lorsqu'il y a des courants d'air dans le lieu où est la cuve, etc.

ARTICLE III.

De l'influence du volume de la masse sur la fermentation.

Quoique le jus du raisin fermente en très-petite masse, puisque je lui ai fait parcourir toutes ses périodes de décomposition dans des verres placés sur des tables, il n'en est pas moins vrai que les phénomènes de la fermentation sont puissamment modifiés par la différence des volumes.

En général, la fermentation est d'autant plus rapide, plus prompte, plus tumultueuse, plus complète, que la masse est plus considérable. J'ai vu du moût, déposé dans un tonneau, ne terminer sa fermentation que le onzième jour, tandis qu'une cuve qui était remplie du même moût, et qui contenait douze fois ce volume, avait fini le quatrième jour : la chaleur ne s'éleva dans le tonneau qu'à 17 degrés; elle parvint au 25ᵉ dans la cuve.

C'est un principe incontestable que l'activité de la fermentation est proportionnée à la masse. J'ai vu monter le thermomètre à 27 degrés, dans une cuve qui contenait trente muids de vendange (mesure du Languedoc). A la vérité, dans ce cas, tout le principe sucré est décomposé; mais il y a déperdition d'une portion d'alcool par la chaleur et le mouvement rapide que produit la fermentation.

On convient généralement aujourd'hui que les grandes cuves ont de l'avantage sur les petites : la fermentation s'y développe beaucoup mieux, et, par conséquent, elle y est plus parfaite et plus prompte; le vin qui en provient se conserve mieux, parce que la décomposition des principes du moût est plus complète; les variations de l'atmosphère y sont moins sensibles : mais une grande cuve exige plus de temps pour être remplie; une grande cuve, donnant lieu au développement d'une plus forte chaleur, occasionne la volatilisation d'une bonne portion du bouquet. C'est au propriétaire intelligent à balancer et à peser ces avantages et ces inconvénients.

En général, on doit encore faire varier la capacité des cuves, selon la nature du raisin : lorsqu'il est très-mûr, doux, sucré et presque desséché, le moût est épais, pâteux, etc. Il faut une grande masse de liquide pour décomposer pleinement le suc sirupeux : sans cela, le vin reste liquoreux et douceâtre ; ce n'est qu'après un long séjour dans le tonneau que cette liqueur arrive au degré de perfection qu'elle peut atteindre.

La température de l'air, l'état de l'atmosphère, le temps qui a régné pendant la vendange, toutes ces causes et leurs effets doivent toujours être présents à l'esprit de l'agriculteur, pour qu'il en déduise des règles de conduite capables de le guider.

En général, lorsque le raisin n'est pas parvenu à une maturité parfaite, lorsque la température est froide, ou si le raisin a été mouillé au moment de la récolte, on doit le faire fermenter en grande masse ; mais alors il est nécessaire de porter la température du cellier à 16 ou 20 degrés ; on ne doit fouler le raisin qu'au moment où il a acquis, par son séjour dans le cellier, une chaleur de 14 à 15 degrés ; ou bien, à mesure qu'on remplit la cuve, il faut chauffer une partie du moût dans des chaudières placées sur des trépieds dans le cellier lui-même, pour que la température du moût de la cuve marque 12 à 15 degrés.

On recouvre ensuite la cuve comme nous l'avons indiqué, pour que la chaleur s'y conserve et que la fermentation suive régulièrement ses périodes sans déperdition d'alcool et sans se refroidir.

ARTICLE IV.

De l'influence des principes constituants du moût sur la fermentation.

Le principe sucré, la matière douceâtre ou la *levure*, l'eau et le tartre, sont les éléments du raisin qui paraissent influer le plus puissamment sur la fermentation : c'est non-seulement à leur existence qu'est due la première cause de cette sublime opération, mais c'est encore aux proportions très-variables entre ces divers principes constituants qu'il faut rapporter les principales différences que nous présente la fermentation.

Il paraît prouvé, par la nature comparée de toutes les substances qui subissent la fermentation spiritueuse, qu'il n'y a que celles qui contiennent un principe sucré qui en soient susceptibles; et il est hors de doute que c'est surtout aux dépens de ce principe que se forme l'alcool.

Pour donner plus de précision à ces idées, nous observerons qu'on distingue aujourd'hui trois sortes de sucre qui, quoique très-différentes en apparence, se rapprochent néanmoins par une propriété qui leur est commune, celle de produire de l'alcool par la fermentation.

La première espèce de sucre est celle qu'on extrait de la canne, de la betterave, de l'érable à sucre, de la châtaigne, etc. Celle-ci est susceptible de cristalliser; et le sucre qu'on extrait de ces diverses plantes est rigoureusement de la même nature.

La seconde espèce de sucre est fournie par le raisin, le miel, etc. Celle-ci peut être ramenée par l'art à l'état d'une poudre très-blanche, soluble dans l'eau; mais on n'a pu parvenir à l'obtenir en cristaux; elle est inodore, agréable au goût, et sa vertu sucrante est moindre que celle de la première espèce; il en faut deux à trois fois plus pour produire le même effet. On en a fabriqué une énorme quantité à l'époque où la guerre avait rendu presque impossibles nos approvisionnements en sucre de canne.

La troisième espèce de sucre est celle que fournissent presque tous les sucs des fruits avec lesquels on fait des extraits doux ou des sirops. Cette qualité de sucre, si abondante dans les produits de la végétation, n'est pas susceptible de perdre sa forme liquide.

L'existence de l'une ou l'autre de ces espèces de sucre est nécessaire pour produire de l'alcool par la fermentation.

Par une conséquence qui découle naturellement de cette vérité fondamentale, les corps dans lesquels le principe sucré est le plus abondant doivent fournir la liqueur la plus spiritueuse : c'est, au reste, ce qui est confirmé par l'expérience. Mais on ne saurait trop insister sur la nécessité de bien distinguer le *sucre* proprement dit d'avec le *principe doux.* Sans doute le sucre existe dans le raisin, et c'est surtout à lui qu'est dû l'alcool qui résulte de sa décomposition; mais ce sucre est constamment mêlé avec un corps doux plus ou moins abondant, et qui sert de ferment : c'est un vrai levain qui accompagne le sucre presque partout, mais qui, par lui-même, ne saurait produire de l'alcool. De là vient que, lorsqu'on veut faire fermenter le sucre pour obtenir du *tafia*, on l'emploie à l'état de sirop, dit *vesou*, parce qu'alors il contient le principe doux qui en facilite la fermentation; le sucre seul et bien pur ne fermente point.

La distinction entre le principe doux et le sucre proprement dit a été très-bien établie par M. Deyeux, dans le *Journal des Pharmaciens*, et par M. Proust, qui fait une seconde espèce de sucre de ce principe doux. M. Seguin, qui nous a donné un travail étendu sur la fermentation, distingue deux sortes ou plutôt deux variétés de ferments : l'un, soluble dans l'eau; l'autre, insoluble : le premier abonde dans les fruits, et forme le principe doux des raisins; l'autre constitue la levure de bière. Le premier paraît passer à l'état du second par les progrès de la fermentation : il se sépare du corps fermentant, et se précipite pour former la *lie* et les écumes qui paraissent dans une liqueur en fermentation.

Nous appellerons ce principe doux, ce principe de la fermentation, *levain*, *levure;* et, dans la suite de cet ouvrage, nous entendrons par le mot *levure* la matière ou la substance qui, avec le sucre, autre principe constituant du raisin, forme les deux éléments de la fermentation vineuse.

Nous verrons, à l'article *Fermentation,* qu'il suffit de mettre en contact ces deux principes dissous dans l'eau, pour déterminer la fermentation ; et c'est de leurs proportions respectives que nous déduirons la cause des phénomènes et des résultats qu'elle nous présente. C'est à leurs proportions très-variables dans le raisin que nous rapporterons la différence qu'ils nous présentent dans le résultat de leurs décompositions, etc.

Ce principe doux est presque inséparable du principe sucré dans les produits de la

végétation : nous les trouvons presque partout unis et combinés plus ou moins inti-
mement.

Le principe doux et le principe sucré existent donc dans le raisin, mais dans des proportions différentes : il est des raisins où le
principe sucré prédomine, il en est d'autres
où c'est le principe doux; dans le premier
cas, la fermentation produit des vins doux,
liquoreux et sucrés, parce que le ferment
n'est pas en quantité suffisante pour décomposer tout le sucre; dans le second cas, la
fermentation, si elle est prolongée, produit
des vins acides, parce que, du moment
que le sucre est décomposé, la levure et
l'alcool exercent leur action sur les autres
principes, et développent l'acide. Dans le
premier cas, il faudrait ajouter de la levure pour continuer la décomposition du
sucre, et obtenir un vin très-spiritueux
sans être liquoreux; dans le second, il faut
ajouter du sucre pour nourrir l'action de
la levure, et l'employer toute à produire
de l'alcool.

Un raisin peu sucré peut néanmoins fournir de bon vin, parce que la fermentation peut développer un *bouquet* qui lui donne un goût agréable ; mais, dans ce cas, il faut arrêter la fermentation dès que le peu de sucre est décomposé, et employer ensuite les moyens convenables pour arrêter l'action de la levure sur les autres principes, afin d'éviter toute dégénération ou décomposition ulté-rieure : c'est ce qui se pratique dans quel-ques vignobles de la Bourgogne, où la fer-mentation vineuse n'est que de vingt à trente heures.

Un raisin peut donc être très-doux, très-agréable à la bouche, et produire néanmoins un assez mauvais vin, parce que le sucre peut bien n'exister qu'en très-petite quantité dans un raisin en apparence très-sucré : c'est la raison pour laquelle les raisins les plus doux au goût ne donnent pas toujours les vins les plus spiritueux. L'excellent chasselas de Fontainebleau nous en offre une preuve : c'est, sans doute, un des raisins les plus agréables à la bouche ; mais c'est, en même temps, un de ceux qui fournissent du mau-vais vin.

La saveur douce existe dans les gommes, dans plusieurs mucilages qui ne contiennent pas de sucre : ainsi ces deux substances, quoique rapprochées par le goût, doivent être séparées par le chimiste, parce que leurs effets sont bien différents.

Au reste, il suffit d'un peu d'habitude pour distinguer la saveur vraiment sucrée d'avec le goût doux que présentent quelques raisins. C'est ainsi que la bouche habituée à savourer le raisin très-sucré du Midi ne confondra pas avec lui le chasselas, quoique très-doux, de Fontainebleau.

Mais lorsque le raisin est très-doux, sans néanmoins contenir beaucoup de sucre, on peut parvenir à en retirer un vin très-spiritueux, en dissolvant dans le moût la portion de sucre qui manque : alors la levure, qui est très-abondante dans le raisin, agit sur le sucre ; et il en résulte une bonne et forte liqueur. C'est de cette manière qu'il faut traiter les raisins douceâtres des pays froids.

Nous devons donc considérer le sucre comme le principe qui donne lieu à la formation de l'alcool par sa décomposition, et le corps doux comme le vrai levain de la fermentation spiritueuse. Il faut donc, pour que le moût soit propre à subir une bonne fermentation, qu'il contienne ces deux principes dans de bonnes proportions.

Le moût très-aqueux éprouve de la difficulté à fermenter, comme le moût trop épais. Il faut donc un degré de fluidité convenable pour obtenir une bonne fermentation, et c'est celui que présente, en général, le suc exprimé du raisin parvenu à une maturité parfaite.

Le terme moyen de la consistance du moût provenant de raisins qui n'ont pas été desséchés est entre le 8e et le 15e degré de l'aréomètre de Baumé. En général, les raisins du Midi donnent un moût plus épais que les raisins du Nord. J'ai comparé le moût de tous les raisins qu'on cultive à la pépinière des Chartreux, où, pendant mon ministère, j'ai réuni les plants de toutes les variétés de vignes qu'on connaît en France; et, après deux ans de culture, le moût provenant des raisins fournis par les plants du Midi a eu plus de consistance que le moût des plants transplantés du Nord. En suivant ces expériences de comparaison, on jugera aisément de l'influence du climat et du sol : il est plus que probable que le raisin du Midi dégénérera peu à peu, et cessera de fournir un suc aussi doux, aussi sucré que dans le climat sec et brûlant de Languedoc ou de Provence.

Lorsque le moût est très-aqueux, la fermentation est tardive, difficile, et le vin qui en provient est faible et très-susceptible d'altération. Dans ce cas, les anciens connaissaient l'usage de cuire le moût : ils faisaient évaporer, par ce moyen, l'eau surabondante, et ramenaient la liqueur au degré d'épaississement convenable. On peut voir la preuve de cette assertion dans le *Recueil des Géoponiques*. Ce procédé, constamment avantageux dans les pays du Nord, et généralement partout où la saison a été pluvieuse, est encore pratiqué de nos jours. M. Maupin a même contribué à faire accorder plus de faveur à cette méthode, en prouvant, par des expériences nombreuses, qu'on pouvait s'en servir avec avantage dans presque tous les pays de vignobles. Néanmoins ce procédé paraît inutile dans les climats chauds ; il n'y est tout au plus applicable que dans les cas où la saison pluvieuse n'a pas permis au raisin de parvenir à un degré de maturité convenable, ou bien lorsque la vendange se fait par un temps de brouillard ou de pluie.

On peut poser en principe que, dans les pays froids, dans les terres humides, à la suite des saisons pluvieuses, le raisin contient plus d'eau et plus de levure qu'il n'en faut pour décomposer le sucre formé dans le fruit.

Dans tous ces cas, en abandonnant la fermentation à elle-même, on ne peut obtenir qu'un vin faible, délayé, peu spiritueux, susceptible de passer à l'aigre ou de tourner au gras, par une suite de la surabondance du levain qui reste après la fermentation spiritueuse et la décomposition et la disparition entières du sucre.

On peut parvenir à corriger ou à prévenir tous ces défauts :

1° En rapprochant et faisant bouillir, jusqu'à réduction du quart ou du tiers, dans une chaudière de cuivre, une portion du moût, qu'on verse bouillant dans la cuve, en ayant l'attention d'agiter le liquide pour opérer un mélange complet (1).

2° On peut encore dissoudre du sucre terré ou de la cassonade dans le moût jusqu'à ce qu'on ait porté sa consistance au degré qu'il a dans les années où le raisin est parvenu à une parfaite maturité. Ainsi, si le moût provenant d'un raisin qui n'est pas suffisamment mûr ne marque que 8 degrés, tandis que dans les années de maturité parfaite il en marque 10 et $\frac{1}{2}$, on rem-

---

(1) On peut rapprocher le moût jusqu'à lui donner la consistance de 20 à 25 degrés du pèse-liqueur de Baumé. Il faut bien prendre garde de ne pas l'épaissir jusqu'à consistance d'extrait; car alors on coagule la levure et on lui ôte la propriété, par cette cuisson, de servir à la fermentation. On peut en verser dans la cuve jusqu'à ce que la chaleur de la masse soit portée à 15 degrés, et jusqu'à ce que l'épaississement du liquide soit au terme qu'a naturellement le moût du même raisin dans les années très-favorables. Il est inutile d'observer qu'en variant le degré d'épaississement du moût on peut varier à volonté la force du vin.

plit des chaudières de ce moût trop aqueux,
on y fait fondre du sucre par la chaleur, et
on verse dans la cuve, jusqu'à ce que la
masse fermentante ait atteint les 10 degrés
et $\frac{1}{2}$ au pèse-liqueur de Baumé; il faut donc
employer d'autant plus de sucre que le moût
est plus faible (1).

J'ai dit qu'il fallait employer la cassonade ou le sucre terré, parce qu'on se trom-
perait si on voulait le remplacer par la mélasse : cette dernière substance, délayée dans
le moût, ne fermente pas avec lui; elle reste
dans la masse, qu'elle empâte sans avoir reçu
aucune décomposition; traitée seule, et convenablement délayée dans l'eau, elle subit
une bonne fermentation, tandis que, mélangée avec le moût, elle ne participe point

(1) En général, lorsqu'on ajoute du sucre au moût provenant de raisins qui ne sont pas assez mûrs, on peut déterminer la quantité qui est nécessaire, en donnant au moût,
par cette addition, le goût sucré qu'a le même raisin ou un
bon raisin cueilli après une maturité parfaite et dans une année très-favorable. On ne fait que réparer alors l'imperfection du travail de la nature, et rétablir, par l'art, la quantité de
sucre qui se serait formée si la saison avait été plus favorable
à la maturation du raisin.

à la décomposition, et reste sans altération dans la masse.

La condensation ou l'épaississement du moût par la chaleur et l'évaporation rend la masse fermentante moins aqueuse ; par conséquent, la fermentation y devient plus régulière et plus vive. La chaleur que le moût, rapproché et versé bouillant dans la cuve, communique à la masse, la porte de suite au degré de température le plus convenable, et décide la fermentation.

L'addition de sucre a le double avantage d'augmenter considérablement la spirituosité du vin, et de prévenir la dégénération acide à laquelle les vins faibles sont sujets. Je pourrais citer un grand nombre de vignobles dont les vins ne pouvaient pas se conserver ; on était forcé de les boire de suite pour prévenir la dégénération qu'ils éprouvaient au retour des chaleurs. Depuis qu'on traite la fermentation par ces procédés, ils ont acquis du corps, ils sont de garde et s'améliorent en vieillissant. J'ai eu occasion de boire de ces vins, après quatre et cinq ans de séjour dans les caves, et ils étaient délicieux. Les vins de Lucques, de Naples, de Saint-Vallier et de beaucoup d'autres endroits m'ont présenté ces importantes améliorations. Dans tous les pays du Nord, on a obtenu les mêmes résultats ; un riche magnat de Hongrie m'a assuré qu'en suivant mes procédés il avait triplé le produit de ses vignobles.

Dans les vignobles où le vin n'était pas de *garde*, il suffit d'épaissir le moût par l'addition du sucre, de manière à lui faire acquérir au moins une consistance de 10 degrés et ¼. Dans les années où le moût est trop aqueux, soit parce que le raisin n'est pas mûr, soit parce que la saison de la vendange a été pluvieuse, il faut épaissir le moût par l'addition du sucre, jusqu'à lui donner la consistance qu'il a naturellement lorsque le raisin est bien mûr.

Dans ces deux cas, on obtient un vin spiritueux qui s'améliore par le temps ; mais il faut que la fermentation soit conduite d'après les procédés que nous avons déjà indiqués.

En suivant cette méthode on peut obte-

nir de bon vin, quelle que soit la maturité
du raisin, quelle qu'ait été la saison au moment de la vendange.

En variant la proportion du sucre, on
peut varier à volonté le degré de spirituosité du vin; on ne lui donnera jamais par ce
moyen le bouquet qui fait le prix et la principale qualité de quelques-uns, mais on ne
l'affaiblira pas si la maturité a pu le développer.

Comme le sucre de canne est très-ré-
pandu, c'est celui-ci qu'on emploie pour
améliorer la fermentation; mais il serait
économique d'extraire le sucre du raisin,
dans les années d'abondance et de parfaite
maturité, pour le faire servir à cet usage.
J'inviterai les propriétaires du Midi à re-
prendre cette intéressante fabrication pour
pouvoir fournir aux besoins.

Il est des pays où l'on mêle du plâtre cuit
à la vendange, pour absorber l'humidité
excédante qu'elle peut contenir (1).

L'usage établi dans d'autres endroits, de

____

(1) Les anciens connaissaient cet usage, comme on peut

dessécher le raisin avant de le faire fermenter, est fondé sur le même principe.

Tous ces procédés tendent essentiellement à enlever l'humidité dont les raisins peuvent être imprégnés, et à présenter un suc plus épais à la fermentation.

3° Le jus du raisin mûr contient du tartre, qu'on peut y démontrer par le simple rapprochement de cette liqueur, ainsi que nous l'avons observé; mais le verjus en fournit encore une plus grande quantité.

M. de Bullion a retiré, d'une pinte de moût, environ 4 gros de sucre et $\frac{1}{2}$ gros de tartre. Il paraît, d'après les expériences du même chimiste, que le tartre concourt, ainsi que le sucre, à augmenter la proportion de l'alcool, en facilitant la fermentation. Il suffit d'augmenter la proportion du tartre et du sucre dans le moût, pour obtenir une plus grande quantité d'alcool : il est néanmoins nécessaire, dans ce cas, que le ferment soit en assez grande quan-

s'en convaincre en lisant les chapitres v et vi du *Recueil des Géoponiques*.

tité pour travailler et décomposer ces deux principes.

Environ 120 pintes d'eau, 100 onces de sucre, une livre et demie de crème de tartre, ont resté trois mois sans fermenter; on y a ajouté 16 livres de feuilles de vigne pilées, et le mélange a fermenté avec force pendant quinze jours.

La même quantité d'eau et les feuilles de vigne mises à fermenter sans sucre et sans tartre, il n'en est résulté qu'une liqueur acidulée.

Sur 500 pintes de moût, auxquelles on a ajouté 10 livres de cassonade, et 4 livres de crème de tartre, la fermentation s'est bien établie, et a duré quarante-huit heures de plus que dans les cuvées qui ne contenaient que le moût simple : le vin provenant de la première fermentation a fourni une pièce et demie d'excellente eau-de-vie, sur sept pièces sur lesquelles la distillation avait été établie, tandis que le vin qui était fait sans addition de sucre ni de tartre n'a produit qu'un douzième d'eau-de-vie au même degré.

Les raisins sucrés demandent surtout qu'on y ajoute du tartre : il suffit, à cet effet, de le faire bouillir dans un chaudron avec le moût, pour l'y dissoudre. Mais, lorsque les moûts contiennent du tartre en excès, on peut les disposer à fournir beaucoup d'esprit ardent, en y ajoutant du sucre.

Il parait donc, d'après ces expériences, que le tartre facilite la fermentation, et concourt à rendre la décomposition du sucre plus complète; mais il convient de n'ajouter que de petites quantités de crème de tartre.

SECTION II.

Des produits de la fermentation.

Avant de nous occuper avec détail des principaux résultats que nous offre la fermentation, nous croyons convenable de tracer, d'une manière rapide, la marche qu'elle suit dans ses périodes.

La fermentation s'annonce d'abord par de petites bulles qui paraissent sur la surface du moût; peu à peu on en voit qui s'élèvent du centre même de la masse en fermentation, et qui viennent crever à la surface : leur passage à travers les couches du liquide en agite toutes les parties, en déplace toutes les molécules, et bientôt il en résulte un sifflement semblable à celui qui est produit par une douce ébullition.

On voit alors très-sensiblement s'élever, à plusieurs pouces au-dessus de la surface du liquide, de petites gouttes qui retombent de suite. Dans cet état, la liqueur est trouble; tout est mêlé, confondu, agité, etc.; des filaments, des pellicules, des flocons, des grappes, des pepins nagent isolément; ils sont poussés, chassés, précipités, élevés, jusqu'à ce qu'enfin ils se fixent à la surface, ou se déposent au fond de la cuve. C'est de cette manière, et par une suite de ce mouvement intestin, que se forme, à la surface de la liqueur, une croûte plus ou moins épaisse, qu'on appelle *le chapeau de la vendange.*

Ce mouvement rapide et le dégagement continuel de ces bulles aériformes augmentent considérablement le volume de la masse. La liqueur s'élève dans la cuve, au-dessus de son niveau primitif; les bulles qui éprouvent quelque résistance à leur volatilisation par l'épaisseur et la ténacité du chapeau se font jour par des crevasses dont elles couvrent les bords d'une écume abondante.

La chaleur, augmentant en proportion de l'énergie de la fermentation, dégage une odeur d'esprit-de-vin, qui se répand dans tout le voisinage de la cuve; la liqueur se fonce en couleur de plus en plus; et, après plusieurs jours, quelquefois seulement après plusieurs heures d'une fermentation tumultueuse, les symptômes diminuent, la masse retombe à son premier volume, la liqueur s'éclaircit, et la fermentation est presque terminée.

Parmi les phénomènes les plus frappants et les effets les plus sensibles de la fermentation, il en est quatre principaux qui demandent une attention particulière : la production de chaleur, le dégagement de gaz, la formation de l'alcool et la coloration de la liqueur.

Je dirai, sur chacun de ces phénomènes,

ce que l'observation nous a présenté jusqu'ici de plus positif.

ARTICLE PREMIER.

De la production de chaleur.

Il arrive quelquefois dans les pays froids, mais surtout lorsque la température est au-dessous du 10ᵉ degré du thermomètre de Réaumur, que la vendange déposée dans la cuve n'éprouve aucune fermentation, si, par des moyens quelconques, on ne parvient à en réchauffer la masse; ce qui se pratique en y introduisant du moût chaud, en brassant fortement la liqueur, en échauffant l'atmosphère, en recouvrant la cuve avec des étoffes quelconques.

Mais, du moment que la fermentation commence, la chaleur prend de l'intensité; quelquefois il suffit de quelques heures de fermentation pour la porter au plus haut degré. En général, elle est en rapport avec le gonflement de la vendange; elle croît et décroît comme lui, comme on peut s'en convaincre par des expériences que je rapporterai à la fin de ce chapitre.

La chaleur n'est pas toujours égale dans toute la masse ; souvent elle est plus intense vers le milieu, surtout dans les cas où la fermentation n'est pas assez tumultueuse pour confondre et mêler, par des mouvements violents, toutes les parties de la masse : alors on foule de nouveau la vendange, on l'agite de la circonférence au centre, et on établit sur tous les points une température égale.

Nous pouvons établir comme vérités incontestables : 1° qu'à température égale, plus la masse de la vendange sera grande, plus il y aura d'effervescence, de mouvement et de chaleur ; 2° que l'effervescence, le mouvement, la chaleur, sont plus grands dans la vendange où le suc du raisin fermente avec les pellicules, les pepins et les rafles, etc., que dans le suc du raisin qui a été séparé de toutes ces matières ; 3° que la fermentation peut produire depuis 15 jusqu'à 30 degrés de chaleur (du moins, je l'ai vue en activité entre ces deux extrêmes) ;

4° que la chaleur est d'autant plus forte, qu'on a mieux recouvert la cuve dans laquelle se fait la fermentation. Sans cette précaution, la masse fermentante reçoit directement et à chaque instant l'impression de la température très-variable de l'atmosphère, et la fermentation s'affaiblit ou s'excite selon cette variation, alors elle est nécessairement imparfaite; d'un autre côté, lorsque la cuve est ouverte, il y a déperdition d'alcool, et le vin est plus faible et privé d'une partie de son bouquet. Il est donc avantageux de couvrir la cuve.

ARTICLE II.

Du dégagement de l'acide carbonique.

Le gaz acide carbonique qui se dégage de la vendange, et ses effets nuisibles à la respiration, sont connus depuis que la fermentation est connue elle-même. Ce gaz s'échappe en bulles de tous les points de la vendange, s'élève dans la masse et vient crever à la surface. Il déplace l'air atmosphérique qui repose sur la vendange, occupe partout le vide de la cuve, et se déverse ensuite par les bords en se précipitant dans les lieux les plus bas, à raison de sa pesanteur. C'est à la formation de ce gaz, qui enlève une portion d'oxygène et de carbone aux principes constituants du moût, que nous rapporterons, par la suite, les principaux changements qui surviennent dans la fermentation.

Ce gaz, retenu dans la liqueur par tous les moyens qu'on peut opposer à son évaporation, contribue à lui conserver l'arome et une portion d'alcool qui s'exhaleraient avec lui. Les anciens connaissaient ces moyens, et ils distinguaient avec soin les produits d'une fermentation *libre* ou *close*, c'est-à-dire faite dans les vaisseaux ouverts ou dans les vaisseaux fermés. Les vins mousseux ne doivent la propriété de mousser qu'à ce qu'ils ont été enfermés dans le verre avant qu'ils aient complété leur fermentation. Alors ce gaz, lentement développé dans la liqueur, y reste comprimé jusqu'au moment où, l'effort de la compression venant à cesser par l'ouverture des vaisseaux, il peut s'échapper avec force.

Ce gaz acide donne à toutes les liqueurs qui en sont imprégnées une saveur aigrelette : les eaux minérales, appelées *eaux gazeuses*, lui doivent leur principale vertu. Mais ce serait avoir une idée peu exacte de son véritable état dans le vin que de comparer ses effets à ceux qu'il produit par sa libre dissolution dans l'eau.

L'acide carbonique, qui se dégage des vins, tient en dissolution une portion assez considérable d'alcool. Je crois avoir été le premier à faire connaître cette vérité, lorsque j'ai enseigné qu'en exposant de l'eau pure dans des vases placés immédiatement au-dessus du chapeau de la vendange, au bout de deux à trois jours, cette eau était imprégnée d'acide carbonique, et qu'il suffisait de l'enfermer dans des bouteilles débouchées, et de l'abandonner à elle-même pendant un mois, pour obtenir un assez bon vinaigre. En même temps que le vinaigre se forme, il se précipite dans la liqueur des flocons abondants, qui sont d'une nature très-analogue à la fibre. Lorsque, au lieu de se servir d'eau pure, on emploie de l'eau qui contient des sulfates terreux, telle que l'eau de puits, on sent se développer, au moment de l'acétification, une odeur de gaz hydrogène sulfuré, qui provient de la décomposition de l'acide sulfurique lui-même. Cette expérience prouve suffisamment que le gaz acide carbonique entraîne avec lui de l'alcool et un peu de ferment, et que ces deux principes nécessaires à la formation de l'acide acétique, en se décomposant ensuite par le contact de l'air atmosphérique, produisent cet acide.

Mais l'alcool est-il dissous dans le gaz, ou se volatilise-t-il par le seul fait de la chaleur? On ne peut décider cette question que par des expériences directes. D. Gentil avait observé, en 1779, que, si on renversait une cloche de verre sur le chapeau de la vendange en fermentation, les parois intérieures se remplissaient de gouttes d'un liquide qui avait l'odeur et les propriétés du premier flegme qui passe lorsqu'on distille le vin.

M. de Humboldt a prouvé que, si l'on reçoit

la mousse du vin de Champagne sous des cloches et qu'on les entoure de glace, il se précipite de l'alcool sur les parois par la seule impression du froid. Il paraît donc qne l'alcool est dissous dans le gaz acide carbonique, et que c'est cette substance qui communique au gaz vineux une portion des propriétés qu'il a. Il n'est personne qui ne sente, par l'impression même que fait sur nos organes la mousse du vin de Champagne, combien cette matière gazeuse est modifiée et diffère de l'acide carbonique pur (1).

(1) J'emploie ici le mot *alcool*, quoique le principe vineux dont il s'agit paraisse différer de l'alcool qu'on extrait par la distillation ; mais nous n'avons pas de terme ponr désigner ce *principe vineux* qui fait le caractère du vin, et qui, dans les circonstances ci-dessus, se dissout dans l'acide carbonique ; c'est un mélange d'alcool, d'arome et d'extractif. Quoiqu'il ait bien de l'analogie avec l'alcool, nous croyons devoir insister pour qu'on ne les confonde pas. Il paraît, au reste, que l'alcool, extrait du vin par la distillation, n'est que le principe vineux dépouillé de tous les autres principes qui lui sont unis dans le vin. L'alcool, dégagé par la chaleur, ne conserve que l'hydrogène et le carbone de tous les éléments qui composent le vin ; et, dans ce cas, la dénomination d'*esprit-de-vin*, sous laquelle il a été connu pendant longtemps, en donnait une idée assez exacte.

Ce n'est pas le moût le plus sucré qu'on emploie pour fabriquer ordinairement des vins mousseux. Si l'on suffoquait la fermentation de cette espèce de raisins, en l'enfermant dans des tonneaux ou dans des bouteilles, pour lui conserver le gaz qui se dégage, le principe sucré qui y abonde ne serait pas décomposé, et le vin en serait doux, liquoreux, pâteux, désagréable. Il est des vins dont presque tout l'alcool est dissous dans le principe gazeux : celui de Champagne nous en fournit une preuve.

Il est difficile d'obtenir du vin à la fois rouge et mousseux, attendu que, pour pouvoir le colorer, il faut le laisser fermenter sur le marc, et que, par cela même, le gaz acide se dissipe.

Il est des vins dont la fermentation lente se continue pendant plusieurs mois : ceux-ci, mis à propos dans des bouteilles, deviennent mousseux. Il n'est même, à la rigueur, que cette nature de vins qui puisse acquérir cette propriété : ceux dont la fermentation est naturellement tumultueuse terminent trop promptement leur travail, et

briseraient les vases dans lesquels on essaye-
rait de les renfermer.

Ce gaz acide est dangereux à respirer : tous
les animaux qui s'exposent imprudemment
dans son atmosphère y sont suffoqués. Ces
tristes événements sont à craindre, lorsqu'on
fait fermenter la vendange dans des lieux
bas et où l'air n'est pas renouvelé. Ce fluide
gazeux déplace l'air atmosphérique et finit
par occuper tout l'intérieur du cellier. Il est
d'autant plus dangereux, qu'il est invisible
comme l'air; et l'on ne saurait trop se pré-
cautionner contre ses funestes effets. Pour
s'assurer qu'on ne court aucun risque en pé-
nétrant dans le lieu où fermente la vendange, il faut avoir l'attention de porter une
bougie allumée en avant de sa personne : il
n'y a pas de danger tant que la bougie
brûle; mais, lorsqu'on voit la flamme s'af-
faiblir ou s'éteindre, il faut s'éloigner avec
prudence.

On peut prévenir ce danger et saturer le
gaz à mesure qu'il se précipite sur le sol de
l'atelier, en disposant sur plusieurs points
du lait de chaux ou de la chaux vive. On

peut parvenir à désinfecter un lieu vicié par
cette mortelle mofette, en projetant sur le
sol et contre les murs de la chaux vive délayée et fusée dans l'eau. Une lessive alca-
line caustique, telle que la lessive des sa-
vonniers ou l'ammoniaque, produirait de
semblables effets. Dans tous ces cas, l'acide
gazeux se combine instantanément avec ces
matières, et l'air extérieur se précipite pour
en occuper la place.

ARTICLE III.

De la formation de l'alcool (1).

Le principe sucré existe dans le moût, et
en fait un des principaux caractères : il disparaît par la fermentation, et est remplacé
par l'alcool qui caractérise essentiellement
le vin.

Nous dirons, par la suite, de quelle manière on peut concevoir ce phénomène, ou

(1) Alcool, mot synonyme d'*esprit-de-vin*.

cette suite intéressante de décompositions et de productions. Il ne nous appartient, dans ce moment, que d'indiquer les principaux faits qui accompagnent la formation de l'alcool.

Comme le but et l'effet de la fermentation spiritueuse se réduisent à produire de l'alcool en décomposant le principe sucré, il s'ensuit que la formation de l'un est toujours en proportion de la destruction de l'autre, et que l'alcool sera d'autant plus abondant que le principe sucré l'aura été lui-même; c'est pour cela qu'on augmente à volonté la quantité d'alcool, en ajoutant du sucre au moût qui paraît en manquer.

Il suit de ces mêmes principes que la nature de la vendange en fermentation se modifie et change à chaque instant : l'odeur, le goût et tous les autres caractères varient d'un moment à l'autre. Mais, comme il y a, dans le travail de la fermentation, une marche très-constante, on peut suivre tous ces changements, et les présenter comme des signes invariables des divers états par lesquels passe la vendange.

1° Le moût a une odeur douceâtre qui lui

est particulière ; 2° la saveur en est plus ou moins sucrée ; 3° il est épais, et sa consistance varie selon que le raisin est plus ou moins mûr, plus ou moins sucré. Au pèse-liqueur de Baumé, sa consistance est entre le 8e et le 18e degré. Les raisins du Midi donnent un moût qui marque de 12 à 16 ; ceux du Nord ne marquent, en général, que de 8 à 12. Le moût des muscats et celui qui fournit les vins liquoreux marquent de 15 à 18.

A peine la fermentation est-elle décidée, que tous les caractères changent : l'odeur commence à devenir moins douceâtre, il se dégage abondamment du gaz acide carbonique sous forme de bulles qui s'élèvent de la masse et forment une écume à la surface ; la saveur très-sucrée prend peu à peu un caractère vineux mêlé d'un goût douceâtre ; la consistance diminue ; la liqueur, qui jusque-là n'avait présenté qu'un tout uniforme, laisse paraître des flocons qui deviennent de plus en plus insolubles (1).

______

(1) Ces flocons sont formés par la levure que la chaleur et la fermentation précipitent de la liqueur où elle était en disso-

Peu à peu la saveur sucrée s'affaiblit et la vineuse se fortifie ; la liqueur diminue sensiblement de consistance ; les flocons, détachés de la masse, sont plus complétement isolés. L'odeur d'alcool se fait sentir même à une assez grande distance.

Enfin arrive un moment où le principe sucré n'est plus sensible ; la saveur et l'odeur n'indiquent plus que de l'alcool (1). La chaleur diminue, la masse fermentante s'affaisse. Cependant tout le principe sucré n'est pas détruit ; il en reste encore une portion dont l'existence n'est que masquée par celle de l'alcool qui prédomine, comme il constaté par les expériences très-rigoureuses de don Gentil. La décomposition ultérieure de cette

lution. Dans cet état, ils forment la lie du vin ; et c'est à la séparer complétement du liquide que tendent tous les procédés de clarification, de collage, de soufrage, qu'on exécute sur les vins qu'on veut conserver en tonneaux.

(1) C'est dans ce moment qu'on décuve les vins pour les mettre en tonneaux. Les hommes les plus instruits dans l'art de faire le vin n'ont pas d'autres signes pour décuver que la disparition du principe sucré et le développement très-prononcé de la saveur vineuse.

substance se fait à l'aide de la fermentation tranquille qui continue dans les tonneaux.

Lorsque la fermentation a parcouru et terminé ses périodes, il n'existe plus de sucre ; la liqueur a acquis de la fluidité, et ne présente que de l'alcool mêlé avec un peu d'extrait et le principe colorant.

ARTICLE IV.

De la coloration de la liqueur vineuse.

Le moût qui découle du raisin qu'on transporte de la vigne à la cuve, avant qu'on l'ait foulé, fermente seul, et donne le *vin vierge*, le *protopum* des anciens, qui n'est pas coloré.

Les raisins rouges dont on exprime le suc par le simple foulage fournissent un vin faiblement coloré, toutes les fois qu'on ne fait pas fermenter sur le marc, ou qu'on ne presse pas trop fort le raisin.

Le vin se colore d'autant plus que la vendange reste plus longtemps en fermentation avec le marc.

Le vin est d'autant moins coloré que le foulage dans la cuve a été moins fort.

Le vin est d'autant plus coloré que le raisin est plus mûr et moins aqueux.

La liqueur que fournit le marc qu'on soumet au pressoir est plus colorée que celle qui découle du raisin par les secousses ou une légère pression.

Quoique la fermentation développe plus d'intensité de couleur, lorsque le vin est très-généreux que lorsqu'il est faible, il y a des raisins qui fournissent naturellement plus de principe colorant que d'autres, parce que la pellicule en contient davantage. Ainsi les raisins des bords du Cher et de la Loire, dans la Touraine, sont très-noirs, et fournissent des vins tellement colorés, qu'ils en sont épais et presque aussi noirs que l'encre : on les emploie à donner de la couleur à des vins blancs.

Tels sont les axiomes pratiques qu'une longue expérience a sanctionnés. Il en résulte deux vérités fondamentales : la première, c'est que le principe colorant du vin existe dans la pellicule du raisin ; la seconde, c'est que ce principe peut être extrait, à la vérité, par un effort mécanique, mais qu'il ne se dissout dans le moût en fermentation que lorsque l'alcool y est développé.

Nous nous occuperons, en temps et lieu, de la nature de ce principe colorant, et nous ferons voir que, quoiqu'il se rapproche des résines par quelques propriétés, il en diffère néanmoins essentiellement.

Il n'est personne qui, d'après ce court exposé, ne puisse se rendre raison de tous les procédés usités pour obtenir des vins plus ou moins colorés, et qui ne sente déjà qu'il est au pouvoir de l'agriculteur de porter dans ses vins la teinte de couleur qu'il désire.

SECTION III.

Des moyens de gouverner la fermentation.

La fermentation n'a besoin ni de secours, ni de remèdes, lorsque le raisin a obtenu son degré de maturité convenable, lorsque l'atmosphère n'est pas trop froide, et que la masse de la vendange est d'un volume convenable. Mais ces conditions, sans lesquelles on ne saurait obtenir de bons résultats, ne se réunissent pas toujours; et c'est à l'art qu'il appartient de rapprocher toutes les circonstances favorables, et d'éloigner tout ce qui peut nuire, pour obtenir une bonne fermentation.

Les vices de la fermentation se déduisent naturellement de la nature du raisin qui en est le sujet, et de la température de l'air, qui peut être considérée comme un bien puissant auxiliaire.

Le raisin peut ne pas contenir assez de sucre pour donner lieu à une formation suffisante d'alcool; et ce vice peut provenir ou de ce que le raisin n'est pas parvenu à maturité, ou de ce que le sucre y est délayé dans une quantité trop considérable d'eau, ou bien encore de ce que, par la nature même du climat, le sucre ne peut pas suffisamment s'y développer. Dans tous ces cas, il est deux moyens de corriger le vice qui existe dans la nature même du raisin : le premier consiste à porter dans le moût le principe qui lui manque; une addition convenable de

sucre présente à la fermentation les maté-
riaux nécessaires à la formation de l'alcool,
et on supplée par l'art au défaut de la nature.
Il parait que les anciens connaissaient ce
procédé, puisqu'ils mêlaient du miel au
moût qu'ils faisaient fermenter. Mais, de nos
jours, on a fait des expériences très-directes
à ce sujet, et je me bornerai à transcrire ici
les résultats de celles qui ont été faites par
Macquer, parce qu'elles sont les premières
qui aient commencé à nous éclairer sur ce
point important de l'œnologie.

« Au mois d'octobre 1776, je me suis pro-
curé assez de raisins blancs, *pineau* et *mélier*,
d'un jardin de Paris, pour faire vingt-cinq à
trente pintes de vin. C'était du raisin de
rebut; je l'avais choisi exprès dans un si
mauvais état de maturité, qu'on ne pouvait
espérer d'en faire un vin potable; il y en
avait près de la moitié dont une partie des
grains et des grappes entières étaient si verts,
qu'on n'en pouvait supporter l'aigreur. Sans
autre précaution que celle de faire séparer
tout ce qu'il y avait de pourri, j'ai fait écraser
le tout avec les rafles, et exprimer le jus à la

main; le moût qui en est sorti était très-
trouble, d'une couleur verte, sale, d'une
saveur aigre-douce, où l'acide dominait tellement, qu'il faisait faire la grimace à ceux
qui en goûtaient. J'ai fait dissoudre dans ce
moût assez de sucre brut pour lui donner la
saveur d'un moût doux assez bon, et, sans
chaudière, sans entonnoir, sans fourneau,
je l'ai mis dans un tonneau, dans une salle
au fond d'un jardin, où il a été abandonné.
La fermentation s'y est établie dans la troisième journée, et s'y est soutenue, pendant
huit jours, d'une manière assez sensible, mais
pourtant fort modérée; elle s'est apaisée
d'elle-même après ce temps.

» Le vin qui en a résulté, étant tout nou-
vellement fait et encore trouble, avait une
odeur vineuse assez vive, et assez piquante;
la saveur avait quelque chose d'un peu re-
vêche, attendu que celle du sucre avait disparu aussi complétement que s'il n'y en avait
jamais eu. Je l'ai laissé passer l'hiver dans
son tonneau, et l'ayant examiné au mois de
mars, j'ai trouvé que, sans avoir soutiré ni
collé, il était devenu clair; sa saveur, quoique

encore assez vive et assez piquante, était pourtant beaucoup plus agréable qu'immédiatement après la fermentation sensible ; elle avait quelque chose de plus doux et de plus moelleux, et n'était mêlée néanmoins de rien qui s'approchât du sucre. J'ai fait mettre alors ce vin en bouteilles, et, l'ayant examiné au mois d'octobre 1777, j'ai trouvé qu'il était clair, fin, très-brillant, agréable au goût, généreux et chaud, et, en un mot, tel qu'un bon vin blanc de pur raisin, qui n'a rien de liquoreux, et provenant d'un bon vignoble, dans une bonne année. Plusieurs connaisseurs, auxquels j'en ai fait goûter, en ont porté le même jugement, et ne pouvaient croire qu'il provenait de raisins verts, dont on eût corrigé le goût avec du sucre.

» Ce succès, qui avait passé mes espérances, m'a engagé à faire une nouvelle expérience du même genre, et encore plus décisive par l'extrême verdeur et la mauvaise qualité du raisin que j'ai employé.

» Le 6 novembre de l'année 1777, j'ai fait cueillir de dessus un berceau, dans un jardin de Paris, de l'espèce de gros raisin qui

ne mûrit jamais bien dans ce climat-ci, et
que nous ne connaissons que sous le nom de
verjus, parce qu'on n'en fait guère d'autre
usage que d'en exprimer le jus avant qu'il
soit tourné, pour l'employer à la cuisine en
qualité d'assaisonnement acide; celui dont il
s'agit commençait à peine à tourner, quoique la saison fût fort avancée, et il avait été
abandonné dans son berceau comme sans
espérance qu'il pût acquérir assez de maturité
pour être mangeable. Il était encore si dur,
que j'ai pris le parti de le faire crever sur le
feu pour pouvoir en tirer plus de jus : il m'en
a fourni huit à neuf pintes. Ce jus avait
une saveur très-acide, dans laquelle on dis-
tinguait à peine une très-légère saveur sucrée;
j'y ai fait dissoudre de la cassonade la plus
commune, jusqu'à ce qu'il me parût bien
sucré; il m'en a fallu beaucoup plus que
pour le vin de l'expérience précédente, parce
que l'acidité de ce dernier moût était beaucoup plus forte. Après la dissolution de ce
sucre, la saveur de la liqueur, quoique très-
sucrée, n'avait rien de flatteur, parce que le
doux et l'aigre s'y faisaient sentir assez vive-

ment, et séparément, d'une manière désagréable.

» J'ai mis cette espèce de moût dans une cruche qui n'en était pas entièrement pleine, couverte d'un simple linge; et la saison étant déjà très-froide, je l'ai placée dans une salle où la chaleur était presque toujours de 12 à 13 degrés, par le moyen d'un poêle.

» Quatre jours après, la fermentation n'était pas encore bien sensible; la liqueur me paraissait tout aussi sucrée et tout aussi acide; mais ces deux saveurs commençant à être mieux combinées, il en résultait un tout plus agréable au goût.

» Le 14 novembre, la fermentation était dans sa force; une bougie allumée, introduite dans le vide de la cruche, s'y éteignait aussitôt.

» Le 30, la fermentation sensible était entièrement cessée, la bougie ne s'éteignait plus dans l'intérieur de la cruche, le vin qui en avait résulté était néanmoins très-trouble et blanchâtre; sa saveur n'avait presque plus rien de sucré; elle était vive, piquante, assez agréable, comme celle d'un vin généreux et chaud, mais un peu gazeux et un peu vert.

» J'ai bouché la cruche et l'ai mise dans un lieu frais, pour que le vin achevât de s'y perfectionner par la fermentation insensible pendant tout l'hiver.

» Enfin, le 17 mars 1778, ayant examiné ce vin, je l'ai trouvé presque totalement éclairci; son reste de saveur sucrée avait disparu, ainsi que son acide. C'était celle d'un vin de pur raisin assez fort, ne manquant point d'agrément, mais sans aucun parfum ni bouquet, parce que le raisin que nous nommons *verjus* n'a point du tout de principe odorant ou d'esprit recteur; à cela près, ce vin qui est tout nouveau, et qui a encore à gagner par la fermentation, que je nomme insensible, promet de devenir moelleux et agréable. »

Ces expériences me paraissent prouver avec évidence que le meilleur moyen de remédier au défaut de maturité des raisins est de suivre ce que-la nature nous indique, c'est-à-dire d'introduire dans leur moût la quantité de principe sucré nécessaire qu'elle n'a pu leur donner.

M. de Bullion faisait fermenter le jus des treilles de son parc de Bellejames, en y ajoutant 15 à 20 livres de sucre par muid; le vin qui en provenait était de bonne qualité.

Rozier a proposé, depuis longtemps, de faciliter la fermentation du moût, et d'améliorer les vins par l'addition du miel, dans la proportion d'une livre sur 200 livres de moût (1). Tous ces procédés reposent sur le même principe; savoir, qu'il ne se produit pas d'alcool là où il n'y a pas de sucre, et que la formation de l'alcool, et conséquemment la générosité du vin, sont constamment proportionnées à la quantité de sucre existant dans le moût. D'après cela, il est évident qu'on peut porter son vin au degré de spirituosité qu'on désire, quelle que soit la qualité primitive du moût, en y ajoutant plus ou moins de sucre.

(1) Je ne propose pas le miel d'après ce que j'ai déjà dit de l'inefficacité de la mélasse. Il me paraît douteux que le miel délayé dans le moût puisse fermenter.

Rozier a prouvé (et l'on peut parvenir au même résultat en calculant les expériences de M. de Bullion) que la valeur du produit de la fermentation est très-supérieure au prix des matières employées; de sorte qu'on peut présenter ces procédés comme objets d'économie et comme matière à spéculation.

Il est encore possible de corriger la qualité du raisin par d'autres moyens qui sont journellement pratiqués. On fait bouillir une portion du moût dans une chaudière, on le rapproche au tiers, et on le verse ensuite dans la cuve : par ce procédé, la partie aqueuse se dissipe en partie, et la portion de sucre se trouvant alors moins délayée, la fermentation marche avec plus de régularité, et le produit est plus généreux : ce procédé, presque toujours utile dans le Nord, ne doit être employé dans le Midi que lorsque la saison a été très-pluvieuse, ou que le raisin n'y est pas assez mûr.

On peut parvenir au même but en faisant dessécher le raisin au soleil, ou en l'exposant dans des étuves, ainsi que cela se pratique dans quelques pays de vignobles.

C'est peut-être encore par la même raison, toujours dans l'intention d'absorber l'humidité, qu'on met quelquefois du plâtre dans la cuve, ainsi que le pratiquaient les anciens.

Il arrive souvent que le moût est à la fois trop épais et trop sucré : dans ce cas, la fermentation est toujours lente et imparfaite; les vins sont doux, liquoreux et pâteux; et ce n'est qu'après un long séjour dans les bouteilles, que le vin s'éclaircit, perd le *pâteux* désagréable, et ne présente plus que de très-bonnes qualités. La plupart des vins blancs d'Espagne sont dans ce cas-là. Cette qualité de vin a néanmoins ses partisans, et il est des pays où, à cet effet, l'on rapproche le moût par la cuisson; il en est d'autres où l'on dessèche le raisin par le soleil ou dans des étuves, jusqu'à donner à son suc presque la consistance d'un extrait.

Il serait aisé, dans tous les cas, de provoquer la fermentation, soit en délayant, à l'aide de l'eau, un moût trop épais, soit en agitant la vendange à mesure qu'elle fermente, soit en augmentant la chaleur, dans la masse fermentante, par des moyens artificiels : mais tout cela doit être subordonné au but qu'on se propose d'obtenir ; et l'agriculteur intelligent variera ses procédés d'après son expérience et la nature du raisin.

On ne doit jamais perdre de vue que la fermentation doit être gouvernée d'après la nature du raisin, et conformément à la qualité de vin qu'on désire obtenir. Le raisin de Bourgogne ne peut pas être traité comme celui de Languedoc : le mérite de l'un est dans un bouquet qui se dissiperait par une fermentation vive et prolongée ; le mérite de l'autre est dans la grande quantité d'alcool qu'on peut y développer, et ici la fermentation dans la cuve doit être longue et complète.

Dans les pays froids où le raisin est toujours aqueux et peu sucré, et, dans tous les pays de vignobles, après des saisons froides et humides, la fermentation du moût est nécessairement lente et pénible ; mais on peut l'accélérer et l'animer par divers moyens :

1° En évaporant une portion de moût et mêlant le résidu bouillant avec la masse dans la cuve.

Ce moyen était pratiqué par les anciens. Cap. IV, lib. VII *Geoponicorum*.

2° A l'aide d'un entonnoir en fer-blanc, qui descend, par un bec très-large, à quatre pouces du fond de la cuve, on introduit du moût bouillant dans la cuve : on peut en verser deux seaux sur trois cents bouteilles de moût.

3° On remue et agite la vendange de temps en temps : ce mouvement a l'avantage de rétablir la fermentation quand elle a cessé ou qu'elle s'est ralentie, et de la rendre égale sur tous les points.

4° On recouvre la cuve avec des couvertures.

5° On échauffe l'atmosphère du lieu dans lequel la cuve a été placée.

On introduit, dans la masse du liquide, des cylindres semblables à ceux qu'on emploie pour chauffer des bains, et par ce moyen on en élève la chaleur au degré convenable.

Dans les cantons de la Champagne où l'on fait des vins rouges, on accélère la fermentation, en même temps qu'on la rend

plus uniforme et plus égale dans toute la
masse, en foulant la cuve et rabaissant le
marc de manière que le moût le recouvre
entièrement. On se sert, à cet effet, de
grandes perches ou fouloirs hérissés de che-
villes, qu'on plonge et retire successivement
de la cuve; ou bien des hommes qui descendent dans la cuve foulent et brassent le
moût, ce qui s'appelle *travailler la cuve*.

Cette méthode est excellente et pourrait
être d'un usage général, lorsque le moût est
déposé dans la cuve, et que la fermentation
commence à s'établir.

Dom Gentil en a constaté les bons effets
par des expériences directes que nous allons
rapporter. Ce célèbre œnologue a fait deux
cuvées, de dix-huit pièces chacune, avec
des raisins provenant de la même vigne et
cueillis en même temps; le grain fut égrappé
et écrasé; égalité de suc de part et d'autre;
la vendange mise dans des cuves égales; les
jours, mais surtout les nuits et les matinées,
étaient très-froids.

Au bout de quelques jours, la fermentation commença : on s'aperçut que le centre

des cuves était très-chaud et les bords très-froids ; les cuves se touchaient, et toutes deux éprouvaient la même température. On en fit fouler une avec un rabot à long manche ; on poussa vers le centre, qui était le foyer de la chaleur, la vendange des bords, qui était froide ; on foula à plusieurs reprises, et on entretint, par ce moyen, la même chaleur dans toute la masse. La fermentation fut terminée, dans la cuve foulée, douze à quinze heures plus tôt que dans l'autre. Le vin en fut incomparablement meilleur ; il était plus délicat, avait une saveur plus fine, était plus coloré, plus franc : on n'eût point dit qu'il provenait de raisins de même nature.

En foulant la vendange qui fermente dans la cuve, on produit plusieurs bons effets : 1° on rend la fermentation égale sur tous les points ; 2° on prévient l'acescence du chapeau de la vendange, en le soustrayant à l'action de l'air ; 3° on précipite les écumes dans le bain, et par ce moyen on mêle la levure dont elles sont formées avec le liquide, ce qui nourrit la fermentation. Ce procédé ne saurait être trop recommandé, surtout lorsqu'on fait fermenter de grandes masses.

Les anciens mêlaient des aromates à la vendange en fermentation, pour donner à leurs vins des qualités particulières. Pline raconte qu'en Italie il était reçu de répandre de la poix et de la résine dans la vendange, *ut udor vino contingeret et saporis acumen.* Nous trouvons, dans tous les écrits de ce temps-là, des recettes nombreuses pour parfumer les vins. Ces divers procédés ne sont plus usités. J'ai cependant de la peine à croire qu'on n'en tirât pas un grand avantage. Cette partie très-intéressante de l'œnologie mérite une attention particulière de la part de l'agriculteur; nous pouvons même en présager d'heureux effets, d'après l'usage, pratiqué dans quelques pays, de parfumer les vins avec la framboise, la fleur sèche de la vigne, etc. (1).

(1) On peut voir, dans le *Recueil des Géoponiques*, une foule de procédés qui étaient usités chez les Grecs. La plupart de leurs vins n'étaient que des excipients qu'ils parfumaient avec des plantes, des résines et autres substances. La supériorité de nos vins sur les leurs nous dispense assez géné-

« M. d'Arcet, le père, m'a communiqué les faits suivants, que je m'empresse de publier ici, comme pouvant donner lieu à des expériences propres à avancer l'art de la vinification.

« J'ai pris, dit-il, un demi-tonneau que l'on nomme un demi-muid; je l'ai d'abord rempli de suc de raisin non foulé, et qui est coulé de lui-même du raisin porté de la vigne dans le pressoir, aussi [illegible] que très-peu de couleur.

« Ce tonneau contenait environ 150 pintes, j'en ai pris environ 30 pintes [illegible] et concentrées à peu près [illegible] du volume [illegible], auquel [illegible] j'ai ajouté 4 livres de sucre commun et une livre de raisin de carême, qu'on a eu la précaution de déchirer; ensuite on a reversé [illegible] dans l'hiver suivant.

« Ce vin a été fait en septembre 1785, par [illegible].

[illegible]ralement de recourir à des compositions, qui sont toujours employées [illegible] quelque vertu. On ne peut tout au plus y avoir recours que dans les seuls cas où le vin n'a ni bouquet ni force, ou bien lorsque les vins présentent un goût désagréable; alors [illegible] les défauts des vins, mais leur donner de nouvelles qualités précieuses.

encore un peu chaud, dans le tonneau, qu'on a achevé de remplir avec du même moût qu'on avait gardé à part. On a ajouté dans le tonneau un bouquet d'une demi-once de petite absinthe sèche et bien conservée, on a légèrement couvert le tonneau de sa bonde renversée ; la fermentation n'a pas tardé à s'y établir, et elle s'est faite d'une manière franche et vive.

» Outre cette pièce de moût, j'ai aussi fait fermenter une dame-jeanne du même, d'environ 25 à 30 pintes, avec environ $\frac{1}{3}$ once de sucre par pinte ; ce vin a très-bien fermenté dans cette cruche, et il m'a servi pour remplir pendant la fermentation, et après le premier soutirage qui a été fait dans le temps ordinaire, et répété un an après ; ensuite il a été mis en bouteilles après l'année révolue, ou dans l'hiver suivant.

» Ce vin a été fait en septembre 1788, par un beau temps et une assez bonne année.

» Ce vin s'est très-bien conservé, même en vidange dans une bouteille ; il ne s'est ni aigri, ni troublé au bout de plusieurs jours.

J'en ai encore deux ou trois bouteilles ; il commence à passer. »

Concluons de ce qui précède,

1° Que, lorsque le raisin n'est pas mûr, on peut corriger ce défaut en dissolvant du sucre dans le moût. La proportion doit varier selon que le raisin est plus ou moins éloigné de sa maturité. On peut sucrer le moût jusqu'à ce qu'il prenne le goût doux du bon raisin bien mûri. Il suffit, en général, de demi-once ou d'une once par pinte.

2° Que, lorsque le moût est trop liquide, parce qu'il aura plu, au moment de la vendange, sur du raisin très-mûr, il faut évaporer une partie du moût, et verser la portion qu'on a rapprochée sur le reste de la vendange.

3° Que, si la liquidité ou la trop grande fluidité du moût provient de ce que le raisin n'est pas mûr, on doit y ajouter du sucre pour le porter au degré de douceur convenable, et évaporer une partie du moût pour lui donner la consistance requise.

4° Que, lorsque le temps a été très-froid au moment de la vendange, il faut chauffer

une partie du moût pour porter la température de toute la masse à 12 ou 15 degrés.

5° Que, lorsque le cellier a une température inférieure à 12 degrés, il faut l'élever
et la maintenir à ce point par des poêles ou
des réchauds.

6° Qu'il faut fouler et brasser tant le
fermentante pour rendre la fermentation
égale dans toute la masse, et obtenir une
boisson bien fermentée.

7° Qu'il faut recouvrir la cuve avec des
couvertures ou des toiles, tant pour maintenir une chaleur égale que pour s'opposer
à la déperdition d'une grande partie du bouquet et de l'alcool.

SECTION IV.

De la fermentation.

3° Que, si la liquidité ou la trop grande
fluidité du moût provient de ce que le raisin
n'est pas mûr, on doit y ajouter du sucre

mis de ne pas les considérer sous le rapport
de la science.

Nous devons à M. Fabroni, de Florence,
les premières notions exactes qu'on ait eues
sur la fermentation vineuse.

Le travail de cet habile chimiste a été cou-
ronné, en 1785, par l'Académie économique
de Florence, et il est consigné dans un petit
traité sur *l'Art de faire le Vin,* qu'il a publié lui-même.

Il a fait voir que le raisin est composé de
deux substances, qui sont isolées dans le
grain, mais qu'on ne peut pas mêler sans
qu'il en résulte un mouvement de fermentation.

L'une de ces substances est le sucre, qui
existe dans les cellules placées entre le centre
et l'écorce.

L'autre est une substance analogue à la
levure, et qui se trouve dans les membranes
qui séparent les cellules dans lesquelles sont
déposés les divers liquides.

M. Fabroni s'est assuré que, par le repos,
le suc du raisin dépose un sédiment qui
forme le cinquième de son volume. Il ajoute

que, si l'on expose ce suc à une forte chaleur, on donne de la consistance à ce principe, et qu'on peut alors en dépouiller en entier le suc par le filtre.

Il établit que, lorsque le suc est pleinement dépouillé de ce principe, il n'est plus susceptible de fermentation, et qu'on ne peut lui restituer la propriété de fermenter qu'en y dissolvant et en lui redonnant un peu de ce principe.

M. Fabroni a encore observé que la partie glutineuse du froment pouvait remplacer le sédiment ou la levure dont nous venons de parler ; il a fait la même observation sur les sucs des plantes qui s'épaississent par la chaleur, et sur les fleurs de sureau qui contiennent le même principe.

Il a démontré que l'écume du vin en fermentation et la levure de bière avaient la plus grande analogie avec ce principe de la fermentation vineuse.

M. Thenard a fait de semblables observations sur le suc de groseille, sur celui de cerise et sur celui de plusieurs autres fruits.

Il résulte, des observations de M. Seguin,

qu'il y a une légère différence entre la levure de la bière et le ferment des fruits : la levure qu'on met en digestion avec l'eau chaude, s'y dissout, et sa dissolution fermente avec le sucre, tandis que le ferment des fruits se coagule par la chaleur; ce qui paraîtrait annoncer que l'albumine est étrangère ou beaucoup moins considérable dans la levure. Ces différences d'action annoncent des modifications dans la nature des substances, et non une nature différente. Le même chimiste a donc distingué deux états dans l'albumine végétale, principe de la fermentation : le premier, dans lequel elle est soluble, et le second, dans lequel le principe fibreux qui s'est développé la rend insoluble. C'est ainsi que M. Berthollet a vérifié que la levure, bouillie ou desséchée, fermente moins promptement avec le sucre, et que le gluten fermentait beaucoup mieux lorsqu'on y ajoutait un peu de tartre.

On peut donc regarder cette matière végéto-animale comme le germe ou le levain de la fermentation. Du moment que cette matière a été mêlée

avec le sucre, par l'expression du raisin, ou
par un mélange artificiel, on voit s'établir la
fermentation. Il se produit d'abord beaucoup
d'acide carbonique qui s'élève en bulles de
tous les points de la masse; la liqueur se
trouble peu à peu elle perd sa saveur sucrée
et prend une odeur et un goût vineux. Il se
forme de l'écume à la surface; il se précipite
une matière filandreuse, et la liqueur s'éclaircit. Alors la fermentation se ralentit, et le
moyen de la ranimer, c'est d'agiter la liqueur
et d'y délayer le dépôt et l'écume.

L'écume et le sédiment sont composés presque en entier de levure devenue insoluble; la
liqueur même en est formée presque en totalité.
Rouelle avait retiré beaucoup d'ammoniaque
de cette dernière substance, et M. Proust
a démontré la plus grande analogie avec les
matières animales, et qu'elle se conduisait
tenant avec le sucre, et qu'elle se conduisait
Lorsque la liqueur vineuse est déposée ou
clarifiée, la fermentation devient presque
nulle; on peut la ralentir au moment même
qu'elle est très-tumultueuse en filtrant de
moût. On la rétablit en délayant dans la
liqueur le ferment qui est resté sur le filtre.

De ces faits, M. Berthollet a conclu que le ferment était beaucoup plus actif lorsqu'il n'était que suspendu dans la liqueur, que lorsqu'il y était dissous.

Lavoisier a soumis au calcul les résultats connus des expériences sur la fermentation, et il s'ensuit que cent parties de sucre ne consomment qu'environ ½ de levure sèche, qu'il se produit un peu plus de trente-cinq parties d'acide carbonique.

En analysant avec soin les phénomènes que présente la fermentation vineuse, nous voyons essentiellement le jeu et l'action réciproque de deux substances, le ferment et le sucre. Le premier effet de cette action et le plus notable de tous, c'est la formation de l'acide carbonique qui continue à être produit jusqu'à ce que la liqueur soit devenue très-vineuse.

La soustraction de l'oxygène et du carbone, effet nécessaire de la production de l'acide carbonique, doit nécessairement faire prédominer l'hydrogène, et la masse fermentante doit arriver au point où elle ne présente plus qu'une liqueur inflammable délayée dans

l'eau. Cet effet nécessaire de la fermentation
est d'autant plus facile à concevoir, que le
sucre contient 50-65 d'oxygène, d'après le
calcul de MM. Thenard et Gay-Lussac.

D'après les principes que nous venons de
poser, il est aisé de concevoir que les proportions entre le levain et le sucre doivent établir de grandes différences dans le produit.

La fermentation la plus parfaite sera celle
où les proportions entre ces deux principes
seront telles que, lorsqu'elle sera terminée,
il ne restera ni sucre ni levain.

Mais, si l'un ou l'autre est en excès, dès
lors la liqueur fermentée présente des caractères qu'il est bon de faire connaître.

Lorsque le sucre est en excès ou qu'il est
trop abondant, toute la levure est consom-
mée, sans que la liqueur perde son goût sucré : de sorte qu'une portion de sucre de-
meurée intacte reste en dissolution dans la
liqueur spiritueuse et lui donne le goût
sucré, ce qui s'observe dans tous les vins
qu'on appelle *vins de liqueur*, lesquels sont
le produit des raisins les plus sucrés. Il n'y
a pas à craindre que ces vins tournent à

l'aigre, non-seulement parce que la levure
est épuisée et que la fermentation n'a plus de
levain, mais parce que le sucre sert en quelque sorte de condiment à la liqueur.

Lorsque c'est, au contraire, la levure qui
prédomine, il convient d'arrêter la fermentation du moment où le sucre est consommé;
sans cela la liqueur passe à l'aigre par l'action
de l'alcool qui réagit sur le principe extractif
et sur les autres substances contenues dans la
liqueur.

On est dans l'usage d'arrêter la fermentation en décantant le vin de dessus sa lie, en
le collant, en bouchant avec soin les vaisseaux qui le contiennent, en le plaçant dans
un lieu frais, en le soufrant. Tous ces procédés ont pour objet, ou d'extraire le levain qui
reste, ou d'enlever celui qui a été décomposé
par la fermentation et qui nage dans la
liqueur à l'état de fibre.

La théorie que je viens d'établir sur la fermentation spiritueuse conduit naturellement
à celle de l'acétification; car, du moment que
le principe sucré est absorbé, s'il existe encore
du levain dans la liqueur, il se porte sur les

autres principes et produit de l'...

[...] grande proportion de la levure à [...] tion de farine de seigle, la fermentation [...]

une pâte avec de l'eau froide.

Chaque goût, l'acidité augmente,

ment du germe, la décomposition ultérieure du grain, lorsqu'il n'est pas confié à la terre, détruisent le sucre qui vient de se former, et donnent naissance à d'autres principes. Aussi, dans les brasseries, après avoir développé la germination du grain, en l'humectant d'abord avec l'eau, on en arrête les progrès en le *touraillant*, c'est-à-dire en le laissant exposé à une chaleur de 40 à 42 degrés, jusqu'à ce qu'il soit sec. C'est dans cet état qu'on le moud. On en extrait ensuite tous les principes solubles, en versant dessus de l'eau chaude, d'abord à 40 ou 45 degrés, puis à 80; et après avoir fait bouillir ces différentes eaux d'infusion, pendant deux à trois heures, avec le houblon, on les verse dans des baquets pour laisser refroidir. On les porte ensuite dans une cuve, où on ajoute de la levure fraîche dans la proportion d'une once (sèche) par 160 livres d'infusion. On laisse fermenter jusqu'au moment où la masse s'affaisse; alors on décuve, on laisse jeter l'écumé qui est la levure mêlée d'un peu de bière très-chargée de houblon, laquelle ne s'aigrit pas, et a un goût très-acerbe. On l'appelle *panura*

Le houblon a deux usages dans cette opération : il met obstacle au développement de la
fermentation acide, et il relève le goût pâteux
et fade qu'aurait la bière sans son secours.
Lorsqu'on veut fabriquer du vinaigre de bière,
on fait fermenter le grain sans houblon.

Nous croyons devoir présenter ici, pour terminer l'article *Fermentation*, le résultat de
quelques expériences faites avec soin, en Languedoc, par M. Poitevin, et en Bourgogne,
par D. Gentil. Elles m'ont paru précieuses,
en ce qu'elles offrent à l'œil non-seulement
tous les phénomènes de la fermentation, mais
même le résultat de l'influence de la température, de la masse, de la nature du raisin sur
la fermentation elle-même ; et je les publie
avec d'autant plus de confiance que je ne
connais pas d'observateurs plus exacts.

*Expériences sur la fermentation vineuse,
par M. Poitevin.*

C'est en 1772, et aux environs de Montpellier, que ces expériences ont été faites :

deux cuves ont servi à ces opérations; la première contenant environ 12 muids de 12 setiers, et la seconde environ 40 muids.

La première, cotée *A*, fut remplie avec des raisins provenant de vignes de différents âges, la plupart situées sur des coteaux exposés au midi. Les vignes qui ont fourni à la seconde, *B*, étaient situées dans la plaine.

Les cuves étaient bâties en pierre de taille, et leur enduit était formé de chaux et de pouzzolane; elles étaient exposées au midi; le cellier était ouvert en plusieurs endroits et bien aéré. Les raisins ont été égrappés avec beaucoup de soin.

L'été avait été très-chaud et très-sec, ce qui a avancé la maturité du raisin. Des pluies considérables, survenues en septembre, qui ont duré, par intervalles, jusqu'au 5 octobre, des brouillards fréquents, des temps couverts, des vents presque toujours au sud ou sud-est, toutes ces causes réunies ont détruit une partie des raisins. Les espèces qui ont la peau la plus fine ont subi une fermentation putride; on a rejeté les raisins qui étaient pourris.

OBSERVATIONS MÉTÉOROLOGIQUES.

OCTOBRE 1772.

Jours du mois.	VENTS.		THERMOMÈTRE EXPOSÉ AU NORD			ÉTAT DU CIEL.
	Matin.	Soir.	à 8 heures du matin.	à midi.	à 8 heures du soir.	
10	E faible.	S.	$12\frac{1}{2}$	$17\frac{1}{2}$	$13\frac{1}{2}$	Nuages.
11	E faible.	S.	14	18	13	Beau temps.
12	N.O.	N.O.	13	17	13	Beau avec nuages.
13	N.O.	N.O.	12	16	13	Nuages.
14	N.O.	N.O.	13	17	$12\frac{1}{2}$	Nuages et vent frais.
15	N.O.	S.	12	$16\frac{1}{2}$	$12\frac{1}{2}$	Beau temps, vent frais.
16	N.	S	13	$16\frac{1}{2}$	$12\frac{1}{2}$	Beau temps.
17	S.O.	N.	13	17	13	Beau temps.
18	S.O.	N.	$12\frac{1}{2}$	$16\frac{1}{2}$	$12\frac{1}{2}$	Couvert le matin, beau le soir.
19	N.	S.O.	12	$17\frac{1}{2}$	13	*Idem.*
20	N.	S.O.	$12\frac{1}{2}$	17	13	Beau temps.
21	N.	S.O.	13	$17\frac{1}{2}$	$13\frac{1}{2}$	Nuages le matin, beau le soir.
22	S.E.	S.E.	13	17	$13\frac{1}{2}$	Pluie le matin, orage avec tonnerre le soir; nuages le soir.
23	S.E.	S.E.	$12\frac{1}{2}$	$13\frac{1}{2}$	14	Pluie et quelques tonnerres.
24	S.E.	S.E.	$14\frac{1}{2}$	16	14	Pluie et tonnerre le matin, couvert et vent fort le soir.
25	S.E.	S.E.	$13\frac{1}{4}$	13	13	Couvert, vent et un peu de pluie.
26	N.	S.E.	$12\frac{1}{2}$	$16\frac{1}{2}$	13	Beau temps.
27	N.	S.E.	12	$14\frac{1}{2}$	$12\frac{1}{2}$	Beau avec nuages, couvert, grand vent, pluie pendant la nuit.
28	N.O.	N.O.	11	12	$15\frac{1}{2}$	Beau temps.

OBSERVATIONS SUR LA CUVE *A*.

OCTOBRE 1772.

On a cessé de porter dans cette cuve le 6 ; l'effervescence était déjà forte ce jour-là ; l'observation n'a pu être commencée que le 11.

Jours du mois.	HEURES de l'Observation.	TEMPS que le Thermomètre a resté dans la cuve.	Chaleur de la cuve.	Température du cellier.	Remarques.
11	9 du matin.	25 minut.	$26°\ \frac{1}{4}\frac{3}{4}\frac{1}{4}$	$14°$	Très-forte effervescence.
11	Midi.	25 *id*	26	14	
11	Soir.	5 heures.	26	14	
12	Matin.	Fixe depuis la veille.	$25\ \frac{3}{4}$	$13\ \frac{1}{2}$	Moindre.
12	Soir.	Fixe.	24	$13\ \frac{1}{2}$	
13	Soir.	Fixe.	24	$13\ \frac{1}{2}$	L'effervescence paraît détruite ; le marc est affaissé, le vin est assez coloré.
14	Soir.	Fixe.	$23\ \frac{1}{4}$	14	
15	Soir.	2 heures.	22	$12\ \frac{1}{2}$	

Cette cuve a été vidée le 16, au matin. Le thermomètre a marqué 21 ½ dans un tonneau qu'on venait de remplir, et 24 dans le cellier. L'effervescence était très-sensible dans le tonneau.

OBSERVATIONS SUR LA CUVE *B*.

OCTOBRE 1772.

Jours du mois.	HEURES de l'Observation.	TEMPS que le Thermomètre reste dans la cuve.	CHALEUR de la cuve.	TEMPÉRATURE du CELLIER.
15	Matin.	2 heures.	$28°\frac{1}{4}$	$12°\frac{1}{2}$
15	Midi.	30 minutes.	$28\frac{1}{2}$	14
15	Soir.	50 minutes.	*Id.*	$12\frac{1}{2}$
16	Matin.	2 heures.	*Id.*	14
16	Midi.	30 minutes.	*Id.*	$14\frac{1}{2}$
16	Soir.	50 minutes.	*Id.*	14
17	Midi.	fixe.	28	15
17	7 h. $\frac{1}{2}$ du soir.	*Idem.*	$27\frac{1}{2}$	14
18	Matin.	*Idem.*	$27\frac{1}{4}$	14
19	*Idem.*	*Idem.*	$27\frac{1}{4}$	14
19	Soir.	*Idem.*	27	14
20	Matin.	*Idem.*	$26\frac{1}{4}$	14
21	*Idem.*	*Idem.*	$25\frac{1}{2}$	$13\frac{1}{2}$
22	*Idem.*	*Idem.*	$24\frac{1}{2}$	13
28	*Idem.*	*Idem.*	$23\frac{3}{4}$	12
24	*Idem.*	*Idem.*	$22\frac{1}{2}$	
25	*Idem.*	*Idem.*	$22\frac{1}{2}$	13
26	*Idem.*	*Idem.*	$25\frac{1}{4}$	$12\frac{1}{2}$

Le 27 au soir, la cuve a été vidée ; la température du vin, dans un tonneau qu'on venait de remplir, était de 21 $\frac{1}{2}$; celle du cellier était de 13. Le thermomètre ne marquait plus que 20 degrés le lendemain matin. L'effervescence était sensible dans les tonneaux.

Expériences sur la fermentation vineuse, par D. GENTIL.

EXPÉRIENCE Ire. Trois muids remplis du moût tiré d'une cuve dont les raisins noirs et blancs avaient été écrasés. Ce moût était destiné à faire du vin paillet.

Nota. Le thermomètre a toujours été celui de Réaumur.

OCTOBRE 1779.

Jours du mois.	Heures.	TEMPÉRATURES		RÉFLEXIONS et CONSÉQUENCES.
		du lieu.	de la liqueur.	
2	6	10	11	Le *maximum* de la chaleur a été de 13 deg. ; elle a diminué dès le troisième jour de la fermentation, puisqu'à 9 h. du soir elle n'était qu'à 12 d.
	11	10	13	
	4	12	13	
3	7	10	13	
	10	9	13	
	9	9	12	Le 6, l'effervescence n'a plus été ; sensible, la liqueur était encore sucrée.
4	12	9	11	
	7	9	10 $\frac{1}{2}$	
5	9	9	10 $\frac{1}{2}$	Ce vin a été tiré au clair en janvier, et au mois de mai, le thermomètre étant à 10 deg. ; l'aréomètre y marquait 11.
	7	10	10 $\frac{1}{2}$	
6	12	10	10	
	10	10	19	

Expérience II. Onze muids de moût provenant d'environ deux tiers de raisins noirs et un tiers de raisins blancs, très-égrappés et foulés avant d'être mis dans la cuve, de manière qu'au moins les deux tiers étaient écrasés. Cette cuve contenait 11 muids de moût, et le marc de 14 muids.

Nota. La jauge était graduée d'un pouce et demi-pouce. Le degré était d'un pouce.

OCTOBRE 1779.

Jours du mois.	Heures.	TEMPÉRATURES		Jauge.	OBSERVATIONS et CONSÉQUENCES.
		du lieu.	de la liqueur.		
2	11	10	10	5	Le marc s'est élevé de-
	4	12	15	6	puis le n° 5 de la jauge
	10	9	16	6	jusqu'à 10, où il s'est
3	7	10	17	6	maintenu pendant $8\frac{7}{}$ h.,
	10	9	19	7	quoique la chaleur ait diminué.
4	6	9	21	8	La saveur sucrée n'a
	8	9	21	9	disparu que 2 h. avant le
4	9 soir.	9	22	10	tirage, c'est-à-dire que
5	5	9	22	10	cette saveur a resté de-
	8	9 $\frac{1}{2}$	22	10	puis le *maximun* de la
	9	10	21	10	fermentation, pendant 85 heures.
	6	7	21	10	Le marc a donné sous
6	9 $\frac{3}{4}$	9 $\frac{3}{4}$	20	10	le pressoir une liqueur
6	12	10	18	10	sensiblement douce et
	3	9 $\frac{1}{2}$	19	10	sucrée. Le vin était très-foncé en couleur.
	7	9 $\frac{1}{2}$	19	10	Les bords de la cuve
7	9 soir.	11	19	10	étaient plus froids que le
8	7	10	17	10	centre. Si on eût foulé,
	12	......	17	10	l'opération eût été plus prompte et plus exacte.

EXPÉRIENCE III. Une cuve renfermant trois muids de raisins égrappés, dont ¾ noirs mûrs, le reste blanc, mais mûr, les ⅔ foulés et écrasés, la vendange sortant de la vigne et faite en temps couvert.

OCTOBRE 1779.

Jours du mois.	Heures.	TEMPÉRATURES		PHÉNOMÈNES.
		du lieu.	de la liqueur.	
9	5 soir.	11 ½	10	
10	10	9	9	
11	10	8 ½	12	
12	10 ¼	9	15	—La vendange a été foulée.
	4 ¾	9	15	—La vendange froide près des bords a été foulée.
13	5 soir.	11	16 ½	—La lumière s'éteint.
14	6	8 ½	14	—Saveur douce, sucrée, odeur vineuse.
	6 ½	11	15	—Douce, sucrée, odeur vineuse. —Lumière à peine trouble.
15	9	8	14	—Lumière éteinte; peu sucré, vineux ; on a foulé.
15	7	11	14 ¼	—Idem.
16	9 ½	10	13 ½	—Vineux; lumière ne s'éteint pas.
	1 ½	10	13	—Sans sucre, un peu dur, odeur d'alcool.
	7	11	13	—Sans sucre, dur, odeur d'alcool ; lumière ne s'éteint pas.
		11	12	—Idem.
17	10	3 ¾	12	—Idem.
	7	8 ½	11	—Plus dur, grossier; la lumière point éteinte.
18	9	12	10 ½	—Idem.
	6 ½	12	10	—Idem, mais acerbe.
19	8 ½	12	12	—Idem.
	7	11	12 ½	—Idem.
20	8	12	11	—Idem.
	7	12	11	—Toujours plus acerbe.
21	11	12	11	—Idem.
	7	11 ½	11	—Dur, acerbe, sans force, ou plat.
22	9	13	11 ½	—Idem.
	6	13	11 ¼	
23	11	10	10	Plus désagréable et grossier: le vin a été tiré de la cuve, transvasé et mis à la cave.
	7	11	10 ½	

EXPÉRIENCE IV. Un muid rempli aux trois quarts de grains de raisins entiers, avec leurs grappes, un quart a été égrappé ; moitié de cette vendange sortait de la vigne, et l'autre de la cuve, où elle était restée 36 heures sans avoir éprouvé de fermentation sensible.

OCTOBRE 1779.

Jours du mois.	Heures.	Températures		Phénomènes.
		du lieu.	de la liqueur.	
	4 soir.	11 $\frac{1}{2}$	10	
10	10	9	12 $\frac{1}{2}$	
	4	11	13 $\frac{1}{2}$	
11	10	8 $\frac{1}{2}$	14	—Sifflement, bouillonnement, lumière trouble.
		9		
	5	7	15	—Lumière trouble.
12	10		16 $\frac{1}{2}$	—Id; foulé ensuite, froid entre la vendange et les bords du muid.
	5	9	16	—Idem; foulé ensuite.
13	9	9	16	—Id.; enlevé le quart du marc qui formait la croûte, pour y placer des instruments de physique.
	5	11	15	—Bords froids, odeur vineuse, lumière trouble.
	6	8 $\frac{1}{2}$	13	—Sucré, mais effervescent, odeur vineuse, lumière troub.
	6	11	13	—Plus de sucre, effervescent, odeur vineuse.
	10	10	12 $\frac{1}{2}$	—Sans sucre, saveur dure, odeur vineuse.
			12	
15	9	8	11	—Idem.
	7	11	11 $\frac{1}{4}$	—Apre et dur.
17	10	11	11	—Idem.
	7	9 $\frac{1}{4}$	11	—Idem.
18	9	8 $\frac{1}{2}$	10	—Dur, austère.
	6	12	10 $\frac{1}{4}$	—Plus dur, plus grossier.
19	8	10	12	—Idem.
	7	12	11	—Idem.
20	8	11	11	—Idem.
	7	12	11 $\frac{1}{2}$	—Idem.
21	11	12	11 $\frac{1}{2}$	—Idem.
	7	12	11	—Idem.
22	9	11 $\frac{1}{2}$	11 $\frac{1}{4}$	—Idem.
	6	13		—Idem.
23	11	10	11	—Très-dur, très-acerbe, plat.
	7	11	10 $\frac{1}{2}$	—Le vin a été tiré du muid, transvasé et mis en cave.

Expérience V. Cette expérience a été faite sur un muid rempli de moût, tiré d'une cuve dont la vendange n'avait pas été
foulée exprès, et qui n'avait pas éprouvé la plus légère fermentation. Ce moût, sorti naturellement du raisin, provenait
de deux tiers noirs, bien mûrs, et un tiers blanc moins mûr.
C'était donc la première goutte du raisin, ou *mère goutte*.

OCTOBRE 1778.

Jours du mois.	Heures.	TEMPÉRATURES		PHÉNOMÈNES.
		du lieu.	de la liqueur.	
9	6	11 $\frac{1}{2}$	10	
10	10	9	11	
	4	11	11 $\frac{1}{2}$	—Surface couverte de petites bulles et d'écume.
11	10	8 $\frac{1}{2}$	11	—Bulles et écume.
	5	9	11	—Bulles plus grosses, écume augmentée.
12	10	7	9	—*Id.*, mais encore plus sucré.
			9	—Plus sucré dans le bas, effervescence peu sensible, lumière trouble.
	5	9		
13	9	9		
14	6	8 $\frac{1}{2}$	9	—Sucré dans le haut, effervescence, odeur vineuse.
	6	11	10	—*Idem.*
15	9	8	10	—*Idem.*
	7	11	10 $\frac{1}{2}$	—*Idem.*
16	9	10	11	—*Idem.*
	7	10	11	—*Idem,* sucré dans le haut.
17	10	11	11	—*Idem.*
	7	9	11	—*Idem.*
18	9	8 $\frac{1}{2}$	10	—*Idem.*
	6	12	10	—Sucré dans le haut, peu dans le milieu, peu dans le fond.
19	8	10	10 $\frac{1}{2}$	*Idem.*
	7	12	12	—Sucré dans le haut, peu dans le milieu, point dans le fond.
20	8	11	11 $\frac{1}{4}$	—*Idem.*
	7	12	12	—Point de sucre dans le milieu ni dans le fond.
21	11	12	12	—*Idem.*
	7	12	12	—Un peu de sucre dans le haut, plus d'effervercence, très-vineux.
22	9	11 $\frac{1}{2}$	11 $\frac{3}{4}$	
	6	13	11 $\frac{1}{2}$	—*Idem.*
23	11	10	10	—Le vin a été tiré, transvasé,
	7	11	10	mis en cave.

Expérience VI. Expérience faite sur un muid de raisins blancs nommés *Albane* et *Fromenteau*, espèces dont le vin est considéré dans le pays. Les raisins étaient très-mûrs et cueillis par un temps sec et chaud. Les trois quarts et demi furent égrappés, et moitié de la totalité fut écrasée.

OCTOBRE 1779.

Jours du mois.	Heures.	TEMPÉRATURES		PHÉNOMÈNES.
		du lieu.	de la cuve.	
24	4 soir.			
	4			
	4 soir.	14		—La liqueur ne fermentait pas; on l'a portée à la cuisine, près du feu; elle a été remuée et agitée pour la troisième fois.
	10			
26	4	12		—La vendange a été foulée pour la quatrième fois.
	7	13		—Effervescence sensible; élévation des grains.
	10			—Effervescence plus forte, croûte élevée de 4 pouces.
	11	$14\frac{1}{2}$	14	—Croûte élevée de 5 pouces, sifflement, bouillonnement, épanchement de la liqueur par le haut.
	$12\frac{1}{4}$	15	14	—Lumière trouble.
	$2\frac{3}{4}$	15	$14\frac{3}{4}$	—*Idem*, mais la vendange foulée, la lumière n'a pas souffert.
	$3\frac{1}{2}$	$15\frac{1}{3}$	15	—Lumière souffrante.
	5	15	15	—Lumière souffrante, foulée, lumière souffrante encore.
	11	15	15	—*Idem*.
27	4	15	$15\frac{1}{3}$	—*Idem*.
	7	14	16	—*Idem*.
	9	14	18	—Bougie éteinte entre les bords et la vendange, non au centre; après avoir foulé, la bougie ne s'est éteinte nulle part.
	$11\frac{1}{4}$	14	$18\frac{1}{2}$	—*Idem*.

Suite de la sixième expérience.

Jours du mois.	Heures.	TEMPÉRATURES		PHÉNOMÈNES.
		du lieu.	de la cuve.	
27	1	15	3 ½	Bougie éteinte, partout foulé, bougie éteinte; ajouté un seau de vendange qu'on en avait tiré par le haut lorsqu'elle renversait.
	3	15	8 ½	La bougie s'est éteinte sur toute la surface. Les vapeurs rassemblées en petites gouttes dans une cloche de verre renversée sur la vendange depuis une heure jusqu'à 3 heures s'élevaient à 5 pouces contre les parois. Le haut de la cloche était sec. Les gouttelettes rassemblées étaient diaphanes, claires comme l'eau, douces et sucrées; après quoi, on a foulé.
	5 ¼	14 ¾	19	La bougie s'est éteinte sur toute la surface, à la distance de 2 pouces de hauteur; la surface était unie; les gouttelettes ont paru à près de 6 pouces de hauteur dans l'intérieur de la cloche; elles étaient douces et miellées; on a foulé la vendange, qui ensuite a éteint pourtant la chandelle à plus de 2 pouces de hauteur; la liqueur du bas du muid était sucrée, trouble et vineuse. *Idem.*
	8	15 15	20 21	On a foulé, après quoi la bougie s'est éteinte.

CHAPITRE V.

DU TEMPS ET DES MOYENS DE DÉCUVER.

De tout temps, les agriculteurs ont mis un très-grand intérêt à pouvoir reconnaître, à des signes certains, le moment le plus favorable pour *décuver;* mais, ici comme ailleurs, on est tombé dans le très-grand inconvénient des méthodes générales. Ce moment doit varier selon le climat, la saison, la qualité des raisins, la nature du vin qu'on se propose d'obtenir, et autres circonstances qu'il ne faut jamais perdre de vue.

Il nous convient donc de poser des principes, plutôt que d'assigner des méthodes : c'est, je crois, le seul moyen de maîtriser les opérations, et de mener de front cet ensemble de phénomènes dont la connaissance et la

comparaison deviennent nécessaires pour mo-
tiver une décision.

Il est des agriculteurs qui ont osé déterminer une durée fixe à la fermentation, comme
si le terme ne devait pas varier selon la température de l'air, la nature du raisin, la qualité du vin, la capacité des cuves, etc.

Il en est d'autres qui ont pris pour signe
de décuvage l'affaissement du chapeau de la
vendange, après la grande fermentation,
ignorant sans doute que la presque totalité
des vins du Nord auraient perdu leurs propriétés les plus précieuses, si l'on tardait à
décuver jusqu'à l'apparition de ce signe; et
que l'expérience a appris que certains vins
qu'on conserve dans la cuve, après la fermentation, s'y améliorent, bien loin de s'y
altérer.

Nous voyons des pays où l'on juge que la
fermentation est faite, lorsque, après avoir reçu
le vin dans un verre, on n'aperçoit plus ni
mousse à la surface, ni bulles sur les parois
du vase. Ailleurs, on se contente d'agiter le
vin dans une bouteille, ou de transvaser à
plusieurs reprises dans des verres, pour s'as-

surer s'il existe encore de la mousse ou si elle disparaît promptement. Mais, outre qu'il n'y a pas de vins nouveaux qui ne donnent plus ou moins d'écume, il en est beaucoup dans lesquels on doit conserver ce reste d'effervescence, pour ne pas perdre une de leurs principales propriétés.

Dans quelques pays de vignobles, lorsqu'on veut reconnaître si le vin a assez fermenté, on prend du vin de la cuve et on le verse, de la hauteur d'un homme, dans un cuvier : il se forme beaucoup d'écume par la chute, et on juge qu'il est temps de décuver lorsque les bulles qui se sont élevées disparaissent très-vite.

Il est des pays où l'on enfonce un bâton dans la cuve; on le retire promptement, et on laisse couler le vin dans un verre, où l'on examine s'il fait un cercle d'écume, s'il *fait la roue.*

D'autres enfoncent la main dans le marc, la portent au nez, et jugent, à l'odeur, de l'état de la cuve : si l'odeur est douce, on laisse fermenter ; si elle est forte, on décuve.

D'autres enfin attendent, pour décuver,

que le goût douceâtre de la vendange ait disparu, et soit remplacé par un goût de vin franc et sans mélange de goût sucré.

Dans plusieurs pays de vignobles, on ne décuve que lorsque la chaleur est tombée.

Nous trouvons encore des agriculteurs qui ne consultent que la couleur, pour se régler sur le moment du décuvage; ils laissent fermenter jusqu'à ce que la couleur soit suffisamment foncée. Mais la coloration dépend de la nature du raisin; et le moût, sous le même climat et dans le même sol, ne présente pas toujours la même disposition à se colorer : ce qui rend ce signe peu constant et très-insuffisant.

On a proposé, depuis quelques années, des gleucomètres, ou des pèse-liqueurs, par lesquels on peut juger du degré de consistance d'une liqueur qui fermente : cet instrument peut déterminer avec rigueur, par son abaissement dans le liquide, la diminution progressive de la consistance de la masse fermentante; il peut, par conséquent, mesurer les progrès de la fermentation, qui tend sans cesse à atténuer et à rendre cette masse plus liquide et plus légère; mais je doute qu'on puisse jamais en faire un instrument de comparaison, applicable à tous les cas et à tous les pays. Le moût varie en consistance selon la saison et le climat; le vin est plus ou moins fort, selon la qualité du raisin : il est donc bien difficile d'assigner des termes ou des degrés, sur le pèse-liqueur, qui soient constants, invariables, et d'après lesquels on puisse se guider chaque année, sans modification et sans changements. Cependant je suis loin de bannir l'usage des gleucomètres; je pense qu'en en bornant l'usage à constater, chaque année, le degré de consistance du moût, et les progrès de sa diminution ou de son élaboration par la fermentation, on peut se faire des règles et des principes de conduite dans chaque atelier; et je ne doute pas qu'après une expérience suivie de quelques années, un propriétaire de vignobles n'ait des données suffisantes pour sa pratique. Je sais que MM. Tourton et Ravel, propriétaires actuels du fameux vignoble de Clos-Vougeot, en Bourgogne, ont déjà appliqué, avec avantage, le gleucomètre de M. Cadet de Vaux à l'opération de la fermentation et du décuvage, et qu'ils se sont fait des principes capables d'éclairer leur pratique. Mais l'usage de cet instrument doit être borné; on ne peut pas y prendre des termes rigoureux pour diriger d'avance la conduite des propriétaires de vignobles sous divers climats.

Nous observerons, en général, que la fermentation n'est terminée que lorsque le pèse-liqueur de Baumé, qui marquait 10 à 15 degrés dans le moût, ne marque qu'un degré sous zéro; on peut juger des progrès de la fermentation à mesure que les degrés décroissent et que la tige de l'instrument s'enfonce dans la liqueur.

Il s'ensuit que tous ces signes, pris isolément, ne sauraient offrir des résultats invariables, et qu'il faut en revenir aux principes, si l'on veut s'appuyer sur des bases fixes.

Le but de la fermentation est de décomposer le principe sucré; il faut donc qu'elle soit d'autant plus vive, ou d'autant plus longue, que ce principe est plus abondant.

Un des principes inséparables de la fermentation, c'est de produire de la chaleur et du gaz acide carbonique. Le premier de ces résultats tend à volatiliser et à faire dissiper le parfum ou bouquet qui fait un des principaux caractères de certains vins; le second entraîne au dehors, et fait perdre dans les airs, un fluide qui, retenu dans la boisson, peut la rendre plus agréable et plus piquante. Il suit de ces principes que les vins faibles, mais agréablement parfumés, exigent peu de fermentation, et que ceux des vins blancs, dont la principale propriété est d'être mousseux, ne doivent presque pas séjourner dans la cuve.

Le produit le plus immédiat de la fermentation, c'est la formation de l'alcool : il résulte immédiatement de la décomposition du sucre. Ainsi, lorsqu'on opère sur des raisins très-sucrés, tels que ceux du Midi, la fermentation doit être vive et prolongée, parce que ces vins, surtout ceux qui sont destinés pour la distillation, doivent produire de suite tout l'alcool qui peut résulter de la décomposition de tout le principe sucré. Si la fermentation est lente et faible, les vins restent liquoreux, et ne deviennent agréables qu'après un long séjour dans les tonneaux.

En général, les raisins riches en principe sucré doivent fermenter longtemps.

Les raisins dans lesquels le principe sucré est peu abondant ne doivent pas fermenter aussi longtemps ; car, du moment que le sucre est décomposé, le ferment, qui y est dans une proportion plus forte que celle du sucre, agit sur les autres principes du vin, et produit de l'acide. Dans ce cas, on ne pourrait prolonger la fermentation, sans inconvénient, qu'en ajoutant du sucre : c'est pour cela qu'en Bourgogne on décuve, du moment que le principe sucré du moût a disparu, et qu'on éprouve la sensation propre à une liqueur vineuse.

D. Gentil, qui a fait ses nombreuses expériences en Bourgogne, prétend qu'il faut invariablement décuver lorsque le goût sucré a disparu. Il observe néanmoins que cette disparition n'est pas absolue, puisque l'expérience lui a prouvé que le sucre existait encore en partie lorsque la saveur vineuse était développée, et que le goût sucré n'était plus sensible. Mais l'esprit-de-vin qui s'est développé couvre tellement le peu de sucre qui reste, qu'il est insensible; et c'est ce moment de la disparition de la saveur sucrée, qu'il a indiqué comme le plus propre à marquer l'instant du décuvage.

J'ai observé généralement que la disparition du goût sucré et le développement de la saveur vineuse étaient le moment que prenaient, pour décuver, les hommes les plus renommés pour la fabrication et la conduite des vins.

D'après ces principes et autres qui découlent de la théorie précédemment établie, nous pouvons tirer les conséquences suivantes :

1° Le moût doit cuver d'autant moins de temps, qu'il est moins sucré. Les vins légers, appelés *vins de primeur*, en Bourgogne, ne restent dans la cuve que pendant vingt à trente heures : tels sont ceux de Pomard, de Volney, etc.; ceux de Nuits, de Prémeaux, de Vosnes, restent dans la cuve plusieurs jours. Ces derniers se conservent plus long-temps, ils se vendent plus cher; mais ils ont un peu de dureté, dont les premiers sont exempts.

2° Le moût doit cuver d'autant moins de

temps, qu'on se propose de retenir le gaz acide et de former des vins mousseux : dans ce cas, on se contente de fouler le raisin et d'en déposer le suc dans des tonneaux, après l'avoir laissé dans la cuve quelquefois vingt-quatre heures, et le plus souvent sans l'y laisser séjourner. Alors, d'un côté, la fermentation est moins tumultueuse; et, de l'autre, il y a moins de facilité pour la volatilisation du gaz : ce qui contribue à retenir cette substance très-volatile et à en faire un des principes de la boisson.

3° Le moût doit d'autant moins cuver, qu'on se propose d'obtenir un vin moins coloré. Cette condition est surtout d'une grande considération pour les vins blancs, dont une des qualités les plus précieuses est la blancheur; mais cette observation n'est applicable qu'aux vins qu'on fait fermenter sur leur marc.

4° Le moût doit cuver d'autant moins de temps, que la température est plus chaude, et la masse plus volumineuse, etc. : dans ce cas, la vivacité de la fermentation supplée à sa longueur.

5° Le moût doit cuver d'autant moins de temps, qu'on se propose d'obtenir un vin plus agréablement parfumé. Le vin qui cuve longtemps a toujours une légère âpreté, ou une dureté que n'a point le vin qui est moins resté en cuve.

6° La fermentation sera, au contraire, d'autant plus longue, que le principe sucré sera plus abondant, et le moût plus épais.

7° Elle sera d'autant plus longue, qu'ayant pour but de fabriquer des vins pour la distillation, on doit tout sacrifier à la formation de l'alcool.

8° La fermentation s'établira d'autant plus lentement, et sera d'autant plus longue, que la température a été plus froide lorsqu'on a cueilli le raisin.

9° La fermentation sera d'autant plus longue, qu'on désire un vin plus coloré.

10° La fermentation sera d'autant plus longue, qu'on fera fermenter le moût dans des cuves plus petites.

C'est en partant de tous ces principes, qu'on pourra concèvoir pourquoi, dans un pays, la fermentation dans la cuve se termine en vingt-quatre heures, tandis que, dans d'autres, elle se continue douze ou quinze jours; pourquoi une méthode ne peut pas recevoir une application générale; pourquoi les procédés particuliers, qu'on érige en méthode générale, exposent à des erreurs, etc.

Presque toujours, un agriculteur prévoyant prépare ses tonneaux aux approches de la vendange, de manière qu'ils soient disposés à recevoir le vin sortant de la cuve. Les préparations qu'on leur donne se réduisent aux suivantes :

Si les tonneaux sont neufs, le bois qui les compose conserve une astriction et une amertume qui peuvent se transmettre au vin; et l'on corrige ces défauts en y passant de l'eau chaude et de l'eau-sel à plusieurs reprises : on y agite ces liqueurs avec soin, et on les y laisse séjourner assez longtemps pour qu'elles en pénètrent le tissu et en extraient le principe nuisible. Si le tonneau est vieux, et qu'il ait servi, on le défonce; on enlève avec un instrument tranchant la couche de tartre qui en tapisse les parois, et on y passe de l'eau chaude ou du vin.

En général, les méthodes les plus usitées pour préparer les tonneaux se bornent à ce qui suit :

1° Lavez le tonneau avec de l'eau froide, puis mettez-y une pinte d'eau salée et bouillante ; bouchez-le et agitez-le en tous sens ; videz-le, et laissez bien s'écouler l'eau ; dès que l'eau se sera écoulée, ayez une ou deux pintes de moût qui fermente ; faites-le bouillir, écumez-le, et jetez ce liquide bouillant dans le tonneau ; bouchez, agitez et faites couler.

2° On peut substituer du vin chaud aux préparations ci-dessus.

3° On peut encore employer une infusion de fleurs et feuilles de pêcher, etc., etc.

En Bourgogne, on met le vin nouveau dans des tonneaux neufs. Quelques particuliers les lavent avec de l'eau chaude et des feuilles de pêcher : cette méthode a l'avantage d'imbiber le tonneau et d'épargner une pinte de vin.

On met les vins faits et vieux, lorsqu'on les soutire, dans des tonneaux vieux.

Lorsque les tonneaux ont contracté quelque mauvaise qualité, telles que moisissure, goût de punaise, etc., il faut les brûler : il est possible de masquer ces vices, mais il serait à craindre qu'ils ne reparussent.

Les anciens Romains mettaient du plâtre, de la myrrhe et différents aromates dans les tonneaux où ils déposaient leurs vins en les tirant de la cuve : c'était ce qu'ils appelaient *conditura vinorum*. Les Grecs y ajoutaient un peu de myrrhe pilée et de l'argile. Ces diverses substances avaient le double avantage de parfumer le vin et de le clarifier promptement.

Les tonneaux, convenablement préparés, sont assujettis sur les soliveaux qui doivent les supporter ; on a l'attention de les élever de quelques pouces au-dessus du sol, tant pour prévenir l'action d'une humidité putride que pour faciliter l'extraction du vin qu'ils doivent contenir. On les dispose par rangs parallèles, dans le même cellier, ayant soin de laisser un intervalle suffisant pour pouvoir commodément circuler tout autour, et s'assurer qu'aucun d'eux ne perde et ne *transpire*.

C'est dans les tonneaux, ainsi préparés, qu'on dépose la vendange, dès qu'on juge qu'elle a suffisamment cuvé : à cet effet, on ouvre la cannelle de la cuve, qui est placée à quelques pouces au-dessus du sol, et on fait couler le vin dans un réservoir pratiqué ordinairement par-dessous, ou dans un vaisseau qu'on y adapte à dessein de le recevoir; le vin est de suite puisé dans le réservoir, et porté dans le tonneau, où on l'introduit à l'aide d'un entonnoir.

Lorsqu'on a fait écouler tout le vin que peut fournir la cuve, il n'y reste que le chapeau qui s'est affaissé sur le marc; le chapeau est surtout composé de la peau des raisins et de la grappe. Le dépôt contient, outre le marc, un reste de levure que la fermentation a rendu insoluble. Ces résidus sont encore imprégnés de vin, et en retiennent une quantité assez considérable, qu'on extrait en les soumettant au pressoir. Mais, comme le chapeau qui a été en contact avec l'air atmosphérique a, assez constamment, contracté un peu d'acidité, surtout lorsque la vendange a cuvé longtemps, on a grand soin d'enlever et de séparer le chapeau, pour l'exprimer séparément ; ce qui donne un vinaigre de très-bonne qualité.

Dans les pays où la fermentation n'a pas été longue, et où, par conséquent, le chapeau n'a pas pu aigrir, on presse le chapeau, en même temps que le fond de la cuve, pour en extraire le vin qui y existe.

On se borne, en général, à porter le dépôt de la cuve et le marc sous le pressoir, et on met le vin qui en découle avec celui qui est déjà dans les tonneaux ; après quoi, on ouvre le pressoir, et, avec une pelle tranchante, on *coupe* ou *taille* le marc, à trois ou quatre doigts d'épaisseur, tout autour : on jette au milieu ce qui est coupé ou taillé, et on presse derechef ; on coupe encore, et on pressure pour la troisième fois ; on taille jusqu'à quatre fois.

Le vin qui provient de la première *serre* est le plus fort ; celui qui provient de la dernière est le plus dur, le plus âpre, le plus coloré.

Quelquefois on se borne à une première

serre, surtout lorsqu'on veut employer le marc à la fermentation acéteuse.

On mêle souvent le produit de ces diverses *serres* dans des tonneaux séparés, pour avoir un vin coloré et assez durable; ailleurs on le mêle avec le vin non pressuré, lorsqu'on désire de donner à celui-ci de la couleur, de la force, une légère astriction, et avoir un vin égal de tout le produit de la vendange.

Le marc, fortement exprimé, acquiert presque la dureté de la pierre; ce marc a divers usages dans le commerce.

1° Dans certains pays, on le distille pour en extraire une eau-de-vie qui porte le nom d'*eau-de-vie de marc* : elle est connue, en Champagne, sous le nom d'*eau-de-vie d'Aixne;* elle a mauvais goût. Cette distillation est avantageuse, surtout dans les pays où le vin est très-généreux et où les pressoirs serrent peu.

2° En Bourgogne et ailleurs, on met le marc, sans l'éventer, dans des tonneaux qu'on ferme bien : on met de l'eau dessus; l'eau filtre à travers le marc, se charge du peu de vin qui y est resté, et forme la boisson des vignerons. On fait filtrer de l'eau jusqu'à ce qu'elle ne se charge plus.

3° Aux environs de Montpellier, on enferme le marc dans des tonneaux, où on le foule avec soin, et on le conserve pour la fabrication du vert-de-gris. (*Voyez* le quatrième volume de ma *Chimie appliquée aux Arts*, p. 221 et suiv.)

4° Ailleurs on le fait aigrir en l'aérant avec soin, et on en extrait ensuite le vinaigre par une pression vigoureuse : on peut même en faciliter l'expression en l'humectant avec de l'eau.

5° Dans plusieurs cantons, on nourrit les bestiaux avec le marc : à mesure qu'on le tire du pressoir, on le passe entre les mains pour diviser les pelotons ; on le jette dans des tonneaux défoncés, et on l'humecte avec de l'eau pour le détremper ; on recouvre le tout avec de la terre forte mêlée de paille ; on donne à cette couche d'enduit environ six pouces d'épaisseur. Lorsque la mauvaise saison ne permet pas aux bestiaux d'aller aux champs, on détrempe environ six livres de ce marc dans de l'eau tiéde, avec du son, de la paille, des navets, des pommes de terre, des feuilles de chêne ou de vigne qu'on a conservées exprès dans l'eau : on peut ajouter un peu de sel à ce mélange, dont les animaux mangent deux fois par jour. On leur en donne le matin et le soir dans un baquet; les chevaux et les vaches aiment cette nourriture, mais il faut en donner modérément à ces dernières, parce que le lait tournerait. Le marc des raisins blancs est préféré.

6° Les pepins contenus dans le raisin servent encore à nourrir la volaille; on peut aussi en extraire de l'huile.

7° Le marc peut être brûlé pour en obtenir l'alcali : quatre milliers de marc fournissent cinq cents livres de cendres, qui donnent cent dix livres d'alcali sec.

CHAPITRE VI.

DE LA MANIÈRE DE GOUVERNER LES VINS DANS LES TONNEAUX (1).

Dans les pays tels que le Midi, où les raisins parviennent assez constamment à leur maturité et où, par conséquent, la fermentation fournit des vins très-généreux, très-alcooliques, il n'y a pas à craindre la dégénération acide, et l'on peut, sans incon-

---

(1) Les anciens nous ont transmis d'excellents préceptes pour conserver les vins; mais la plupart ne sont applicables qu'à la nature des vins qu'ils faisaient alors, lesquels étaient, en général, liquoreux et mal fermentés. Parmi les recettes qu'ils nous ont laissées, on est tout étonné de trouver la suivante, qui tient à une crédulité vraiment puérile :

Impossibile est vinum in vappam perverti, si in vase inscripseris, aut in ipsis doliis, hæc divina verba : GUSTATE ET VIDETE BONUM ESSE DOMINUM. *Recte feceris si etiam malum his verbis inscriptum vino injeceris.* Cap. XIV, lib. VII Geoponicorum.

vénient, conserver le vin dans la cuve; on se borne à la recouvrir pour modérer le contact de l'air et éviter l'évaporation : dans cet état, le vin s'améliore au lieu de s'altérer, et on ne le décuve qu'au moment où il est bien dépouillé.

Dans les pays dont le raisin est peu riche en sucre, et où la fermentation n'a pas pu détruire tout le levain qui est surabondant, la fermentation alcoolique serait bientôt suivie de la fermentation acide, et on est forcé de décuver pour éviter cet inconvénient. Non-seulement on surveille beaucoup mieux le vin dans le tonneau, mais l'altération y est moins à craindre, parce que la masse est moindre. C'est des soins particuliers qu'exige le vin, dans les tonneaux, que nous allons nous occuper.

Le vin déposé dans le tonneau n'a pas atteint son dernier degré d'élaboration; il est trouble et fermente encore; mais, comme le mouvement en est moins tumultueux, on a appelé cette période de fermentation *fermentation insensible*.

Dans les premiers moments que le vin a été

mis dans les tonneaux, on entend un léger sifflement qui provient du dégagement continu des bulles du gaz acide carbonique qui s'échappent de tous les points de la liqueur; il se forme une écume à la surface, qui sort par la bonde, et on a l'attention de tenir le tonneau toujours plein, pour que l'écume sorte et que le vin se dégorge. Il suffit, dans les premiers instants, d'assujettir une feuille sur la bonde, ou d'y mettre une tuile.

A mesure que la fermentation diminue, la masse du liquide s'affaisse, et on surveille cet affaissement avec soin pour verser du nouveau vin et tenir le tonneau toujours plein : c'est cette opération qu'on appelle *ouiller*. Il est des pays où l'on *ouille* tous les jours pendant le premier mois, tous les quatre jours pendant le deuxième, et tous les huit jusqu'au soutirage : c'est ainsi qu'on le pratique pour les vins délicieux de l'Ermitage.

En Champagne, dans les cantons où l'on récolte des vins rouges, lorsque la fermentation a cessé, vers la fin de décembre, on profite d'un temps sec et d'une belle gelée pour soutirer le vin et le *débourber*.

Vers la mi-mai, avant les chaleurs, on le soutire encore, ce qui s'appelle *tirer au clair;* on le met en cave et on relie les poinçons en cerceaux neufs.

On soutire encore une troisième fois, ce qui s'appelle *tirer au clair-fin,* et on clarifie avec cinq à six blancs d'œufs délayés dans une chopine d'eau, pour chaque pièce de vin de deux cent quarante bouteilles. Cette dernière opération ne se fait que quand on expédie le vin au consommateur ou qu'on le met en bouteilles.

En général, les vins rouges de la haute montagne, en Champagne, se mettent en bouteilles en novembre, ou treize mois après la récolte. Le vin rouge, tiré en séve, est très-désagréable à boire.

Il est des vins rouges de Champagne, qu'on peut laisser sur lie trois ou quatre ans, tels sont ceux du Clos Saint-Thierry; mais il faut les garder dans des foudres de sept à dix pièces au moins. Le vin s'y nourrit et s'y comporte bien. Cette méthode n'est praticable avec avantage que pour les vins généreux : les vins faibles y deviendraient acides.

14

En Bourgogne, dès que la fermentation s'est ralentie dans le tonneau, on le bouche et on perce un petit trou près du bondon, qu'on ferme avec une cheville de bois qu'on appelle *fausset;* on le débouche de temps en temps pour laisser évaporer le reste du gaz.

Dans les environs de Bordeaux, on commence à ouiller, huit à dix jours après avoir déposé les vins dans les tonneaux. Un mois après, on les bonde, et on ouille tous les huit jours; dans le principe, on bonde sans effort, et peu à peu on assujettit la bonde, sans courir aucun risque.

On y tire les vins blancs à la fin de novembre, et on les soufre; ils demandent plus de soin que les rouges, parce que, contenant plus de lie, ils sont plus disposés à graisser.

On ne tire au clair les vins rouges que dans le mois de mars; ceux-ci tournent plus aisément à l'aigre que les blancs, ce qui force de les conserver dans des celliers plus frais pendant les chaleurs.

Il est des particuliers qui, après le second soutirage, font tourner les barriques, la bonde de côté, et conservent ainsi le vin hermétiquement fermé, sans avoir besoin de l'ouiller, attendu qu'il n'y a ni déperdition, ni contact avec l'air. Ils ne tirent alors le vin au clair que tous les ans, à la même époque, jusqu'à ce qu'ils trouvent avantageux de le boire. Partout, les procédés usités sont à peu près les mêmes, et nous nous garderons bien de multiplier des détails qui ne seraient que des répétitions.

Lorsque la fermentation s'est apaisée, et que la masse du liquide jouit d'un repos absolu, le vin est fait; mais il acquiert de nouvelles qualités par la clarification : on le préserve, par cette opération, du danger de *tourner*.

Cette clarification s'opère d'elle-même par le temps et le repos : il se forme, peu à peu, un dépôt dans le fond du tonneau et sur les parois, qui dépouille le vin de tout ce qui est dans une dissolution absolue, ou de ce qui y est en suspension. C'est ce dépôt qu'on appelle *lie*, mélange confus de tartre, de fibre, de matière colorante, et surtout de ce principe végéto-animal qui constitue le ferment.

Mais ces matières, quoique déposées dans

le tonneau et précipitées du vin, sont susceptibles de s'y mêler encore par l'agitation, le changement de température, etc.; et alors, outre qu'elles nuisent à la qualité du vin qu'elles rendent trouble, elles peuvent lui imprimer un mouvement de fermentation qui le fait dégénérer en vinaigre.

C'est pour obvier à cet inconvénient qu'on transvase le vin à diverses époques, qu'on en sépare avec soin toute la lie qui s'est précipitée, et qu'on dégage même de son sein, par des procédés simples que nous allons décrire, tout ce qui peut y être dans un état de dissolution incomplète. A l'aide de ces opérations, on le purge, on le purifie, on le prive de toutes les matières qui pourraient déterminer l'acétification en prolongeant la fermentation.

Nous pouvons réduire au *soufrage*, au *soutirage* et au *collage* tout ce qui tient à l'art de conserver les vins.

SECTION PREMIÈRE.

Du soufrage des vins.

Soufrer, *mécher* ou *muter* les vins, c'est les imprégner d'une vapeur sulfureuse qu'on obtient par la combustion des mèches soufrées.

La manière de composer les mèches soufrées varie sensiblement dans les divers ateliers : les uns mêlent avec le soufre des aromates, tels que les poudres de girofle, de cannelle, de gingembre, d'iris de Florence, de fleurs de thym, de lavande, de marjolaine, etc., et fondent ce mélange dans une terrine, sur un feu modéré. C'est dans ce mélange fondu qu'on plonge des bandes de toile et de coton, pour les brûler dans le tonneau. D'autres n'emploient que le soufre qu'ils fondent au feu, et dont ils imprègnent des lanières semblables.

La manière de soufrer les tonneaux nous offre les mêmes variétés : on se borne quelquefois à suspendre une mèche soufrée au bout d'un fil de fer; on l'enflamme et on la plonge dans le tonneau qu'on veut remplir; on bouche et on laisse brûler : l'air intérieur se dilate et est chassé avec sifflement. On en brûle deux, trois, plus ou moins, selon l'idée ou le besoin. Lorsque la combustion est terminée, les parois du tonneau sont à peine acides : alors on y verse le vin. Dans d'autres pays, on prend un bon tonneau; on y verse deux à trois seaux de vin, on y brûle une mèche soufrée, on bouche le tonneau après la combustion, et l'on agite en tous sens. On laisse reposer une ou deux heures, on débouche, on ajoute du vin, on *mute*, et on réitère l'opération jusqu'à ce que le tonneau soit plein : ce procédé est usité à Bordeaux.

On fait, à Marseillan, près la ville de Cette, en Languedoc, avec du raisin blanc, un vin qu'on appelle *muet*, et qui sert à soufrer les autres.

On presse et on foule la vendange, et on la coule de suite, sans lui donner le temps de fermenter; on met le moût dans des tonneaux qu'on remplit au quart; on brûle plusieurs mèches dessus, on met le bouchon, et on agite fortement le tonneau jusqu'à ce qu'il ne s'échappe plus de gaz par la bonde lorsqu'on l'ouvre. On met alors une nouvelle quantité de moût ; on y brûle dessus, et on agite avec les mêmes précautions : on réitère cette manœuvre jusqu'à ce que le tonneau soit plein. Ce moût ne fermente jamais, et c'est par cette raison qu'on l'appelle *vin muet*. Il a une saveur douceâtre, une forte odeur de soufre, et il est employé à être mêlé avec l'autre vin blanc ; on en met deux ou trois bouteilles par tonneau : ce mélange équivaut au soufrage.

On achète encore ce vin *muet* pour le mêler avec le vin de Bordeaux, le Bénicarlos et l'Hermitage ; et ce mélange fermenté forme le vin qu'on boit en Angleterre, sous le nom de *claret*.

Le soufrage rend d'abord le vin trouble, et sa couleur désagréable ; mais la couleur se rétablit en peu de temps, et le vin s'éclaircit. Cette opération décolore un peu le vin rouge. Le soufrage a le très-précieux avantage de prévenir la dégénération acéteuse. Il paraît que le soufrage précipite le ferment qui était encore en dissolution dans la liqueur, puisqu'il rend le vin trouble ; de sorte que son effet le plus marqué, c'est de prévenir toute fermentation ultérieure, pourvu qu'on transvase le vin, après quelque temps de repos, ou qu'on le colle.

Le soufrage a encore l'avantage de déplacer l'air atmosphérique dont le contact est nécessaire pour déterminer la dégénération acide.

Il produit aussi quelques atomes d'un acide énergique, qui peut s'opposer au développement d'un acide plus faible.

On soutire les vins avant de les soufrer, pour enlever d'abord toute la lie qui s'est précipitée.

Les anciens composaient un mastic avec la poix, un cinquantième de cire, un peu de sel et d'encens, qu'ils brûlaient dans les tonneaux. Cette opération était désignée par les mots *picare dolia;* et les vins ainsi préparés étaient connus sous le nom de *vina picata.* Plutarque et Hippocrate parlent de ces vins.

C'est peut-être d'après cet usage que les

anciens avaient consacré le sapin à Bacchus :
on donne encore aujourd'hui au vin rouge
affaibli un parfum agréable, en le faisant
séjourner sur une couche de copeaux de
bois de sapin. Baccius prétend qu'il faut
résiner les tonneaux, *picare vasa*, au moment de la canicule.

SECTION II.

Du soutirage des vins.

Outre l'opération du soufrage des vins, il
en est une autre tout aussi essentielle, qu'on
appelle *soutirage* ou *clarification*. Elle consiste d'abord à tirer le vin de dessus la lie,
ce qui demande des précautions dont nous
nous occuperons dans le moment, et à le
dégager ensuite de tous les principes sus-
pendus ou faiblement dissous, pour ne lui
conserver que les seuls principes spiritueux
et incorruptibles.

La première de ces opérations s'appelle
soutirer, transvaser, déféquer le vin. Aristote
conseille de répéter souvent cette manipula-

tion, *quoniam, superveniente æstatis calore, solent fæces subverti, ac ita vina acescere.*

Dans les divers pays de vignobles, on a des temps marqués dans l'année pour soutirer les vins : ces usages sont, sans doute, établis sur l'observation constante et respectable des siècles. A l'Hermitage, on soutire en mars et septembre ; en Champagne, au milieu d'octobre, vers le 15 février, et vers la fin de mars ; en Bourgogne, on soutire en mars et en septembre.

On choisit toujours un temps sec et froid pour exécuter cette opération. Il est de fait que ce n'est qu'alors que le vin est bien déposé. Les temps humides, les vents du sud les rendent troubles, et il faut se garder de soutirer quand ils règnent.

Baccius nous a laissé d'excellents préceptes sur les temps les plus favorables pour transvaser les vins. Il conseille de soutirer les vins faibles, c'est-à-dire ceux qui proviennent de terrains gras et couverts, au solstice d'hiver ; les vins médiocres, au printemps ; et les plus généreux, pendant l'été. Il donne comme précepte général de ne jamais transvaser que lorsque le vent du nord souffle; il ajoute que le vin soutiré en pleine lune se convertit en vinaigre.

Vina in alia vasa transfundenda sunt, borealibus ventis spirantibus, nequaquam vero australibus. Et infirmiora quidem vere, potentiora autem æstate; quæ vero in siccis locis nata sunt, post solstitium hyemale. Cap. VI, lib. VII *Geoponicorum.*

La manière de soutirer les vins demande encore des précautions infinies, qui ne pourront paraître indifférentes qu'à ceux qui ne savent pas quel est l'effet de l'air atmosphérique sur ce liquide : par exemple, en ouvrant la cannelle, ou plaçant un robinet à quatre doigts du fond du tonneau, le vin qui s'écoule s'aère et détermine des mouvements dans la lie; de sorte que, sous ce double rapport, le vin acquiert de la disposition à s'aigrir. On a obvié à une partie de ces inconvénients, en soutirant le vin à l'aide d'un siphon; le mouvement en est plus doux, et on pénètre, par ce moyen, à la profondeur qu'on veut, sans jamais agiter la lie. Mais toutes ces méthodes présentent des vices, auxquels on a parfaitement remédié à l'aide d'une pompe dont l'usage s'est établi en Champagne et dans d'autres pays de vignobles.

On a un tuyau de cuir en forme de boyau, long de 2 mètres, et d'environ 5 centim. de diamètre. On adapte des tuyaux de bois aux deux bouts; ces tuyaux vont en diminuant de diamètre vers la pointe; on les assujettit fortement au cuir, à l'aide de gros fil; on ôte le tampon de la futaille qu'on veut remplir, et l'on y enchâsse solidement une des extrémités du tuyau; on place un bon robinet, à 6 ou 8 cent. du fond de la futaille qu'on veut vider, et on y adapte l'autre extrémité du tuyau.

Par ce seul mécanisme, la moitié du tonneau se vide dans l'autre; il suffit, pour cela, d'ouvrir le robinet, et on y fait passer le restant par un procédé simple. On a des soufflets d'environ 65 cent. de long, compris le manche, et de 25 cent. de largeur. Le soufflet pousse l'air par un trou placé à la partie antérieure du petit bout; une petite soupape de cuir s'applique contre le petit trou, et s'y adapte fortement pour empêcher que l'air n'y reflue lorsqu'on ouvre le soufflet : c'est encore à l'extrémité du soufflet qu'on adapte un tuyau de bois perpendiculaire pour conduire l'air en bas ; on adapte ce tuyau à la bonde, de manière que lorsqu'on souffle et pousse l'air, on exerce une pression sur le vin qui l'oblige à sortir du tonneau pour monter dans l'autre. Lorsqu'on entend un sifflement à la cannelle, on la ferme promptement : c'est une preuve que tout le vin a passé.

On emploie aussi des entonnoirs de fer-blanc, dont le bec a au moins un pied et demi de long, pour qu'il plonge dans le liquide et n'y cause aucune agitation.

SECTION III.

Du collage des vins.

Le soutirage du vin sépare bien une partie des impuretés, et éloigne, par conséquent, quelques-unes des causes qui peuvent en altérer la qualité ; mais il reste encore des matières suspendues dans ce fluide, dont on ne peut s'emparer que par les opérations suivantes, qu'on appelle *collage* des vins. C'est presque toujours la colle de poisson qui sert à cet usage, et on l'emploie comme il suit : on la déroule avec soin, on la coupe par petits morceaux, on la fait tremper dans un peu de vin ; elle se gonfle, se ramollit, forme une masse gluante qu'on verse sur le vin. On se contente alors de l'agiter fortement, après quoi on laisse reposer. Il est des personnes qui fouettent le vin dans lequel on a dissous la colle, avec quelques brins de tiges de balai, et forment une écume considérable qu'on enlève avec soin : dans tous les cas, une portion de la colle se précipite avec les principes qu'elle a enveloppés, et on soutire la liqueur dès que ce dépôt est formé.

Dans les climats chauds, on craint l'usage de la colle ; et, pendant l'été, on y supplée par des blancs d'œufs : cinq à six suffisent pour un demi-muid ; on n'en emploie que trois à quatre pour les vins délicats et peu colorés. On commence par les fouetter avec un peu de vin, on les mêle ensuite avec la liqueur qu'on veut clarifier, et on fouette avec le même soin.

Il est possible de substituer la gomme arabique à la colle. Deux onces suffisent pour quatre cents pots de vin; on la verse sur le liquide en poudre fine, et on agite.

Il faut ne transvaser les vins que lorsqu'ils sont bien faits : si le vin est vert et dur ou sucré, il faut lui laisser passer sur la lie la seconde fermentation, et ne le soutirer que vers le milieu de mai; on pourra même le laisser jusque vers la fin de juin, s'il continue à être vert. Il arrive même quelquefois qu'on est forcé de repasser des vins sur la lie, et de les mêler fortement avec elle, pour leur redonner un mouvement de fermentation qui doit les perfectionner.

Lorsque les vins d'Espagne sont troublés par la lie, Miller nous apprend qu'on les clarifie par le procédé suivant :

On prend des blancs d'œufs, du sel gris et de l'eau salée; on met tout cela dans un vase commode, on enlève l'écume qui se forme à la surface, et l'on verse cette composition dans un tonneau de vin dont on a tiré une partie : au bout de deux à trois jours, la liqueur s'éclaircit et devient agréable au goût ; on laisse reposer pendant huit jours, et on soutire.

Pour remettre un vin clairet, gâté par une lie volante, on prend deux livres de cailloux calcinés et broyés, dix à douze blancs d'œufs, une bonne poignée de sel ; on bat le tout avec huit pintes de vin qu'on verse ensuite dans le tonneau : deux à trois jours après, on soutire.

Ces compositions varient à l'infini : quelquefois on y fait entrer l'amidon, le riz, le lait et autres substances plus ou moins capables d'envelopper les principes qui troublent le vin.

On clarifie encore le vin, et on corrige souvent un mauvais goût, en le faisant digérer sur des copeaux de hêtres, précédemment écorcés, bouillis dans l'eau et séchés au soleil ou dans un four : un quart de boisseau de ces copeaux suffit pour un muid de vin ; ils produisent dans la liqueur un léger mouvement de fermentation qui l'éclaircit dans vingt-quatre heures.

L'art de couper les vins, de les corriger l'un par l'autre, de donner du corps à ceux qui sont faibles, de la couleur à ceux qui en manquent, un parfum agréable à ceux qui n'en ont aucun, ou qui en ont un mauvais, ne saurait être décrit. C'est toujours le goût, l'œil et l'odorat qu'il faut consulter; c'est la nature très- variable des substances qu'on doit employer qu'il faut étudier, et il nous suffira d'observer que, dans toute cette partie de la science de manipuler les vins, tout se réduit 1° à adoucir et sucrer les vins par l'addition du moût cuit, du miel, du sucre, ou d'un autre vin très-liquoreux; 2° à colorer le vin par l'infusion des pains de tournesol, le suc des baies de sureau, le bois de Campèche, et surtout par le mélange d'un vin noir et généralement grossier, tels que ceux de Saint-Gilles, en Languedoc, et du Cher, dans la Touraine; 3° à parfumer le vin par le sirop de framboises, l'infusion des fleurs de la vigne, qu'on suspend dans le tonneau, enfermées dans un nouet, ainsi que cela se pratique en Égypte, d'après le rapport d'Hasselquist; 4° à mêler de l'eau-de-vie aux vins qu'on veut rendre plus forts, pour les accommoder au goût de certains peuples et d'un grand nombre de consommateurs, etc.

On fabrique encore, dans l'Orléanais et ailleurs, des vins qu'on appelle *vins râpés*, et qu'on fait, ou avec des raisins égrappés qu'on foule avec du vin, ou en chargeant le pressoir d'un lit de sarments et d'un lit de raisins alternativement, ou en faisant infuser des sarments dans le vin; on les laisse fortement bouillir, et on se sert de ces vins pour donner de la force et de la couleur aux petits vins décolorés des pays froids et humides.

Quoique les vins puissent travailler en tout temps, il est néanmoins des époques dans l'année auxquelles la fermentation paraît se renouveler d'une manière spéciale, et c'est surtout lorsque la vigne commence à pousser, lorsqu'elle est en fleur et lorsque le raisin se colore. C'est dans ces moments critiques qu'il faut surveiller les vins d'une manière particulière; et l'on pourra prévenir tout mouvement de fermentation en les soutirant et les soufrant, ainsi que nous l'avons indiqué (1).

(1) On peut voir. dans le *Manuel du Sommelier* de M. A.

SECTION IV.

Des vaisseaux propres à conserver les vins.

Lorsque les vins sont complétement clarifiés, on les conserve dans des tonneaux ou
dans le verre. Les vases les plus amples et
les mieux fermés sont les meilleurs. Tout le
monde a entendu parler de l'énorme capacité
des foudres d'Heidelberg, dans lesquels le vin
s'améliore et se conserve des siècles entiers
sans s'altérer. Dans le midi de la France, on
emploie, à la conservation des vins, des tonneaux d'une immense capacité, qu'on appelle
aussi des *foudres ;* ils sont construits en douves
épaisses de plusieurs pouces, maintenues par
de gros cercles en fer, et vernies avec soin
en dehors. Il est reconnu que le vin se fait
mieux dans les futailles très-volumineuses
que dans les petites.

Le choix du local dans lequel les vases

Jullien (chez madame Huzard, rue de l'Éperon, no 7), des détails pratiques et des procédés ingénieux pour coller, soutirer
et soufrer les vins.

contenant les vins doivent être déposés n'est pas indifférent : nous trouvons, à ce sujet, chez les anciens, des usages et des préceptes qui s'écartent, pour la plupart, de nos méthodes ordinaires, mais dont quelques-uns méritent notre attention. Les Romains soutiraient le vin des tonneaux, pour l'enfermer dans de grands vases de terre vernissés en dedans : c'est ce qu'ils appelaient *diffusio vinorum*. Il paraît qu'ils avaient deux sortes de vaisseaux pour contenir les vins, qu'ils appelaient *amphore* et *cade*. L'*amphore*, de forme carrée ou cubique, avait deux anses, et contenait quatre-vingts pintes de liqueur. Ce vaisseau se terminait par un col étroit qu'on bouchait avec de la poix et du plâtre, pour empêcher le vin de s'éventer. C'est ce que Pétrone nous apprend par ces mots :

Amphoræ vitreæ diligenter gypsatæ allatæ sunt, quarum in cervicibus pittacia erant affixa cum hoc titulo : FALERNUM OPIMIANUM ANNORUM CENTUM.

Le *cade* avait la figure d'une pomme de pin ; il contenait moitié plus que l'amphore.

On exposait les vins les plus généreux, en

plein air, dans ces vases bien bouchés : les plus faibles étaient sagement mis à couvert. *Potius vinum sub dio locandum, tenuia vero sub tecto reponenda, cavendaque a commotione ac strepitu viarum.* (Baccius.) *Potentius vinum, sub dio collocandum est, avertatur autem ab occasu et meridie, parietibus quibusdam appositis. Tenuia vero vina sub tecto ponenda sunt, fenestræ autem fiant altiores, ad septentrionem et orientem spectantes.* Cap. ii, lib. vii Geoponicorum. Galien observe que tout le vin était mis en bouteilles, qu'après cela on l'exposait à une forte chaleur dans des chambres closes, et qu'on le mettait au soleil pendant l'été sur les toits des maisons, pour le vieillir plus tôt et le disposer à la boisson. *Omne vinum in lagenas transfundi, postea in clausa cubicula multa subjecta flamma reponi, et in tecta ædium æstate insolari, unde citius maturescant ac potui idonea evadant.*

Pour qu'un vin se conserve et s'améliore, il faut le déposer dans des vases et dans des lieux dont le choix n'est pas indifférent à déterminer. Les vases de verre sont les plus

favorables, parce que, outre qu'ils ne présentent aucun principe soluble dans le vin,
ils le mettent à l'abri du contact de l'air, de
l'humidité et des principales variations de
l'atmosphère. Il faut avoir l'attention de bou-
cher exactement ces vases avec du liége fin,
et de coucher les bouteilles pour que le bouchon ne puisse pas se dessécher et faciliter
l'accès de l'air. On peut, pour plus de sûreté,
couler de la cire sur le bouchon, l'y appliquer
avec un pinceau, ou tremper le goulot dans
un mélange fondu de cire, de résine et de
poix. Il est des particuliers qui recouvrent le
vin d'une couche d'huile : ce procédé est recommandé par Baccius. On recouvre ensuite
le goulot avec des verres renversés, des creu-
sets, des vases de fer-blanc, ou toute autre
matière capable d'empêcher que les insectes
ou les souris ne se précipitent dans le vin.

Les tonneaux sont les vases les plus employés ; ils sont, pour l'ordinaire, construits
avec du bois de chêne. Leur capacité varie
beaucoup, et ils reçoivent le nom de *barriques*, *tonneaux* ou *foudres*, selon qu'elle est
plus ou moins grande. Le grand inconvénient

des tonneaux, c'est non-seulement de présenter au vin des substances qui y sont solubles, mais encore de se tourmenter par les variations de l'atmosphère, et de prêter des issues faciles, tant à l'air qui veut s'échapper qu'à celui qui veut pénétrer.

Les vases de terre auraient l'avantage de conserver une température plus égale, mais ils sont plus ou moins poreux, et, à la longue, le vin doit s'y altérer. On a trouvé, dans les ruines d'Herculanum, des vaisseaux dans lesquels le vin était desséché. Rozier parle d'une urne semblable découverte dans une vigne du territoire de Vienne en Dauphiné, sur le lieu même où était bâti le palais de Pompée. Les Romains remédiaient à la porosité, en passant de la cire au dedans et de la poix au dehors; ils en recouvraient toute la surface avec des linges cirés qu'ils y appliquaient avec soin.

Pline condamne l'usage de la cire, parce que, selon lui, elle faisait aigrir les vins : *Nam ceram accipientibus vasis, compertum est vina acescere.*

Quelle que soit la nature des vaisseaux

destinés à contenir le vin, il faut faire choix
d'une cave qui soit à l'abri de tous les accidents qui peuvent la rendre peu propre à ces
usages.

1° L'exposition d'une cave doit être au
nord : sa température est alors moins variable
que lorsque les ouvertures sont tournées vers
le midi.

2° Elle doit être assez profonde pour que
la température y soit constamment la même.
*In cellis quæ non satis profundæ sunt diurni
caloris participes fiunt; vina non diu sub-
sistunt integra.* HOFFMANN.

3° L'humidité doit y être constante, sans
y être trop forte : l'excès détermine la moisissure des papiers, bouchons, tonneaux, etc.
La sécheresse dessèche les futailles, les tour-
mente et fait transsuder le vin.

4° La lumière doit y être très-modérée;
une lumière vive dessèche; une obscurité
presque absolue pourrit.

5° La cave doit être à l'abri des secousses.
Les brusques agitations, ou ces légers tré-
moussements déterminés par le passage rapide
d'une voiture sur un pavé, remuent la lie, la

mêlent avec le vin, l'y retiennent en suspension, et provoquent l'acétification. Le tonnerre et tous les mouvements produits par des secousses déterminent le même effet.

6° Il faut éloigner d'une cave les bois verts, les vinaigres et toutes les matières qui sont susceptibles de fermentation.

7° Il faut encore éviter la réverbération du soleil qui, variant nécessairement la température d'une cave, doit en altérer les propriétés.

D'après cela, une cave doit être creusée à quelques toises sous terre; ses ouvertures doivent être dirigées vers le nord; elle sera éloignée des rues, chemins, ateliers, égouts, courants, latrines, bûchers, etc.; elle sera recouverte par une voûte.

CHAPITRE VII.

DES DÉGÉNÉRATIONS ET DES ALTÉRATIONS SPONTANÉES DU VIN.

Pour mieux comprendre les dégénérations auxquelles les vins sont sujets, il faut rappeler quelques-uns des principes que nous avons déjà développés dans les chapitres précédents.

La fermentation vineuse n'est due qu'à l'action réciproque entre le principe sucré et le ferment ou principe végéto-animal.

La fermentation terminée ne peut donc nous offrir que trois résultats :

1° Si les deux principes de la fermentation se sont trouvés dans le moût, dans des proportions convenables, ils ont dû être décomposés entièrement l'un et l'autre ; et il ne doit exister, après la fermentation, ni principe sucré, ni ferment : dans ce cas, on ne doit craindre aucune dégénération ultérieure, puisqu'il ne se trouve, dans le vin, aucun germe de décomposition. Les vins de cette nature, bien clarifiés, peuvent donc se conserver, sans crainte d'altération.

2° Si le principe sucré prédomine dans le moût sur le principe végéto-animal ou ferment, ce dernier sera tout employé pour ne décomposer qu'une partie du sucre, et le vin conservera nécessairement un goût sucré.

Dans ce cas, on n'a pas à craindre, ni que le vin tourne à l'aigre, ni qu'il tourne à la graisse, parce que ces deux effets ne peuvent être produits qu'autant que le ferment y est excédant. Les vins de cette nature peuvent être conservés, sans altération aucune, aussi longtemps qu'on peut le désirer; ils s'améliorent même avec le temps, parce que le goût sucré diminue, attendu que le sucre se combine avec les autres principes, ou qu'un reste de fermentation insensible le convertit en alcool.

3° Mais si la levure ou le ferment prédomine dans le moût sur le principe sucré, une partie de ce ferment suffira pour décomposer tout le sucre, et ce qui reste produit presque toutes les maladies propres aux vins. En effet, ce principe de fermentation existant toujours dans le vin, ou bien il réagit sur les principes que contient la liqueur, et, dans ce cas, il produit une dégénération acide ; ou bien il se dégage de la liqueur qui le retenait en dissolution, et il lui donne alors une consistance sirupeuse qui produit le phénomène qu'on appelle *graisser*, *filer*, etc.

Il est clair que, dans les deux principaux résultats de la fermentation, on peut corriger le vice qu'elle présente, en fournissant à la masse une nouvelle quantité de celui des deux principes qui ne s'y trouve pas dans de justes proportions. Lorsque le sucre prédomine, on pourrait ajouter de la levure ; et, lorsque c'est le levain qui y est en excès, comme dans tous les vins faibles provenant de raisins qui n'ont pas atteint leur maturité ou qui, par leur nature, sont peu sucrés, on peut y ajouter du sucre.

Il est facile de voir qu'en partant de ces principes, on arriverait toujours à obtenir des fermentations entières et complètes, et que le vin ne courrait plus aucun risque d'altération ; mais il faut convenir que, par ce moyen, nous nous priverions de beaucoup d'excellents vins qui ne doivent leurs très-bonnes qualités qu'à des fermentations incomplètes, mais assez habilement conduites pour développer des qualités précieuses dans la liqueur, telles que le bouquet.

Nous allons rapprocher, de ces principes, tout ce que la pratique nous apprend sur les maladies du vin.

Presque tous les vins s'améliorent en vieillissant, et on ne peut les regarder comme parfaits que longtemps après qu'on les a fabriqués. Les vins liquoreux sont surtout dans ce cas-là ; mais les vins délicats tournent à l'*aigre* ou au *gras* avec une telle facilité, que ce n'est qu'avec les plus grandes précautions qu'on peut les conserver plusieurs années.

Il n'est pas de vignoble dont le vin n'ait une durée fixe et connue : cette durée varie, dans le vin du même vignoble, selon la saison qui a régné, et le temps qu'on a employé à la fermentation. Lorsque la saison a été humide, pluvieuse ou froide, le raisin n'a pas mûri ou il s'est rempli d'eau, et alors le vin est faible et de peu de durée.

En général, les raisins provenant de terrains gras et bien nourris, de même que les raisins fournis par des vignes provignées ou trop jeunes, donnent des vins qui ne sont pas de garde. Les vins délicats et fins se conservent aussi difficilement.

Les anciens, ainsi que nous l'apprennent Galien et Athénée, avaient déterminé l'époque de vétusté, ou l'âge auquel leurs divers vins devaient être bus : FALERNUM *ab annis decem ut potui idoneum, et a quindecim usque ad viginti annos;* après ce terme, *grave est capiti et nervos offendit.* ALBANI *vero cum duæ sint species, hoc dulce, illud acerbum, ambo a decimo quinto anno vigent.* SURRENTINUM *vigesimo quinto anno incipit esse utile, quia est pingue et vix digeritur, ac veterascens solum fit potui idoneum.* TIBURTINUM *leve est, facile vaporat, viget ab annis decem.* LUBICANUM *pingue et inter albanum et falernum putatur usui ab annis decem idoneum.* GAURANUM *rarum invenitur, at optimum est et robustum.* Signimum, *ab annis sex potui utile.*

Les soins qu'on apporte à transvaser, à coller et à *muter* les vins, contribuent puissamment à leur conservation. Il en est peu qui passent les mers sans cette précaution. Il importe donc, pour prévenir toutes leurs altérations, de répéter et multiplier ces opérations; et c'est à cet usage précieux que l'on doit de pouvoir transporter les vins dans tous les climats, et de leur faire éprouver toutes les températures, sans crainte de décomposition.

Parmi les maladies auxquelles les vins sont les plus sujets, la *graisse* et l'*acidité* sont à la fois les plus fréquentes et les plus dangereuses; la plupart des autres altérations proviennent, ou de ce que les vaisseaux n'ont pas été convenablement préparés et nettoyés, ou de ce que les diverses opérations ont été mal conduites.

SECTION PREMIÈRE.

De la maladie du vin appelée graisse.

La *graisse* est une altération que contractent souvent les vins ; ils perdent leur fluidité
naturelle, et filent comme de l'huile : on
appelle encore cette dégénération *tourner au
gras, graisser, filer*, etc.

Les vins très-généreux, dont le moût était
très-sucré, ne tournent jamais au *gras* lorsqu'ils ont subi une bonne et suffisante fermentation. Il n'y a que les vins délicats et
peu riches en esprit qui *graissent*.

Les vins faibles, qui ont très-peu fermenté, sont les plus disposés à cette maladie.

Les vins faibles, faits avec les raisins
égrappés, y sont plus sujets.

Le vin tourne au gras dans les bouteilles
les mieux fermées, et rarement quand il est
dans les tonneaux : on n'en est que trop con-
vaincu dans la Champagne et la Bourgogne,
où toute la récolte contracte quelquefois cette
altération.

Les vins gras ne fournissent à la distillation qu'un peu d'eau-de-vie *grasse colorée*, et de mauvaise qualité.

Le vin qui est attaqué de cette maladie est plat et fade ; il jaunit quand on le verse, et file comme du sirop ; il est indigeste.

On reconnaît que le vin tourne au gras lorsqu'il se décolore ou qu'il jaunit. Dans les vins de Champagne, les dépôts blancs ou jaunâtres sont les plus mauvais : la seule présence de ce dépôt annonce que le vin a tourné à la graisse.

Pour bien connaître la cause qui détermine cette maladie du vin, il faut partir des faits suivants, qui sont constatés par l'expérience. Les vins qui tournent le plus facilement à la graisse sont :

1° Les vins les moins chargés d'alcool ;

2° Les vins faibles qu'on a fait fermenter sans la grappe ;

3° Les vins blancs qu'on met en bouteilles, avant qu'ils aient subi toutes les périodes de la fermentation (1).

(1) On a vu en Champagne la moitié d'une cuve tirée au mois de mars après la vendange, passer à la graisse, tandis

Pour concevoir cette dégénération du vin, il faut se rappeler les principes que nous avons déjà développés sur la fermentation.

J'ai observé que les deux principes nécessaires à la fermentation étaient le sucre et un ferment qui se rapproche de la nature du gluten animal.

J'ai ajouté que, pour que la fermentation fût parfaite, il fallait qu'il existât une juste proportion entre ces deux substances.

Lorsque le sucre prédomine, le vin reste liquoreux et sucré, et on peut le conserver sans danger.

Lorsque le gluten ou principe végéto-animal est en excès par rapport au sucre, il reste, après la fermentation, une plus ou moins grande quantité de cette matière, à demi décomposée, imparfaitement dissoute dans le vin, et qui s'en dégage facilement : c'est cette substance qui forme la graisse dans les vins faibles.

Lorsque la fermentation a bien parcouru

que l'autre moitié, mise en bouteilles au mois de septembre suivant, est constamment restée sans altération. Parmentier, *Bulletin de Pharmacie*, n° 10.

ses périodes, et qu'elle s'est complétement opérée dans les tonneaux, alors ce gluten a été plus parfaitement décomposé; il est presque passé à l'état de fibre, il est devenu insoluble; il nage d'abord dans le vin sous la forme de filaments', et il finit par se déposer et former la lie. Le soufrage, le collage et le soutirage peuvent dépouiller le vin de cette matière, et prévenir toute dégénération.

On a observé que le vin provenant de raisins très-mûrs, et conséquemment très-sucrés, n'est pas toujours exempt de cette maladie; cela peut être, mais alors il faut en accuser la précipitation avec laquelle on le met en bouteilles : on suspend dans ce cas la fermentation, et les deux principes, déjà altérés dans leur nature, sont devenus moins solubles et peuvent se dégager du liquide. Le sucre, la gomme, l'huile, ne diffèrent que par de faibles proportions, en plus ou en moins, d'oxygène, de carbone, d'hydrogène; et la transformation de ces corps de l'un dans l'autre se fait, chaque jour, dans les opérations de la nature.

Pour prévenir cette maladie, dans le cas

où l'on présume que le vin sera disposé à la prendre, il faut :

1° Dissoudre du sucre dans le moût, lorsque celui-ci est faible et aqueux;

2° Ne pas égrapper complétement le raisin;

3° Laisser compléter la fermentation dans le tonneau;

4° Soutirer le vin du tonneau dans un autre tonneau soufré, et le coller avec soin avant de le mettre en bouteilles.

Si, malgré toutes ces précautions, le vin graisse en bouteilles, il faut les vider dans un tonneau, et rétablir la fermentation par le procédé suivant :

Pour un baril de la contenance de trois hectolitres (environ 300 pintes), on prend quatre litres de bon vin; on les fait chauffer jusqu'à ébullition, on y dissout 8 à 12 onces de crème de tartre pulvérisée, et autant de sucre. Lorsque ces deux substances sont bien dissoutes, on verse le tout dans le tonneau qui contient le vin gras; alors on assujettit le bondon, et on pratique à côté un fausset de deux lignes de diamètre, qu'on bouche avec une cheville. Cela fait, on roule le tonneau,

on l'agite en tous sens pendant cinq à six
minutes, et on le remet ensuite en place
en plaçant le bondon en dessous.

Si, pendant l'opération, on s'aperçoit que
le gaz fasse effort, et qu'on craigne une
explosion, on ouvre un moment le *fausset*
pour lui donner issue, et on bouche de suite.

Après deux jours de repos, on colle le vin
à la manière ordinaire, sans le *brouiller à
bondon ouvert*, comme cela se pratique souvent. On assujettit fortement le bondon, et on
laisse reposer quatre ou cinq jours : alors le
vin est clair, sec et complétement dégraissé.
On le soutire avec soin pour le séparer de la
lie qui s'est déposée.

Ce procédé, qui a été proposé par M. J.-
Ch. Herpin, est partout pratiqué avec un
grand succès.

Les nombreuses méthodes qui ont été successivement pratiquées pour guérir cette maladie, se bornent toutes, ou à rétablir la
fermentation, ou a précipiter le principe
graisseux : dans le premier cas, on a employé
successivement des grappes de raisins secs,
de la lie de vin nouveau, du sucre candi, de

la farine délayée, l'exposition à une haute température, etc.; dans le second, le soufrage, le collage, les copeaux de bois de hêtre, l'alun, les cailloux broyés, etc. Lorsque la dégénération n'est pas complète, il n'est pas rare que le vin se rétablisse de lui-même, à la première ou à la seconde séve suivante. Alors le dépôt gras, laiteux, blanchâtre, qui s'était annoncé dans le fond du vase, devient brun, se dessèche, se forme en écailles, et le vin reprend sa diaphanéité; il devient *sonnant*, et on le dit *guéri*.

On a observé, en Champagne, que si, dans la quantité de raisins employés à faire des vins blancs, les blancs l'emportent sur les noirs, la *jaunisse* se mêle à la *graisse*, et le vin n'est plus de vente; il a un goût fade et mou, et une couleur cuivreuse, qui ne permettent plus de l'employer qu'en le recoupant avec des vins rouges communs, très-chargés en couleur et fort durs.

Nous voyons souvent un effet analogue à la *graisse*, dans la bière, dans la décoction de la noix de galle, et dans un grand nombre de préparations végétales.

SECTION II.

De l'acescence spontanée du vin.

L'acescence du vin est néanmoins la maladie la plus commune, on peut même dire la plus naturelle, car elle est presque une suite de la fermentation spiritueuse; mais connaissant les causes qui la produisent, et les phénomènes qui l'accompagnent ou l'annoncent, on peut parvenir à la prévenir. Les anciens admettaient trois causes principales de l'acidité des vins : 1° l'humidité du vin; 2° l'inconstance ou les variations de l'air; 3° les commotions.

Pour connaître exactement cette maladie, il faut rappeler quelques principes qui seuls peuvent nous fournir des lumières à ce sujet.

Nous avons observé plusieurs fois (1) que la fermentation du moût n'avait lieu que par

______

(1) Je reviens souvent sur ces principes, parce qu'on ne saurait trop les représenter à l'esprit pour concevoir tous les phénomènes que nous offre l'œnologie.

le mélange du principe sucré avec le principe végéto-animal : or ces deux principes
peuvent exister dans le moût dans des proportions bien différentes. Lorsque le corps
sucré est très-abondant, le principe végéto-
animal est tout employé à le décomposer, et
il ne suffit même pas ; de sorte que le vin
reste sucré et liquoreux sans qu'on doive
craindre une dégénération acide. Lorsqu'au
contraire le principe végéto-animal est plus
abondant que le principe sucré, ce dernier
est décomposé avant que le premier soit tout
absorbé ; alors il reste du ferment dans le vin,
lequel s'exerce sur les autres principes, **se**
combine avec l'oxygène de l'air atmosphérique, et fait passer la liqueur à la dégénération acide. On ne peut prévenir ce mauvais
résultat qu'en clarifiant, collant, soufrant et
décantant le vin pour enlever tout le ferment
qui y existe, ou bien en mêlant dans le vin
du sucre ou du moût très-sucré, pour continuer la fermentation spiritueuse, et employer
tout le levain à produire de l'alcool.

Nous allons voir que l'observation vient à
l'appui de cette doctrine.

1° Les vins ne tournent jamais à l'aigre, tant que la fermentation spiritueuse n'est pas terminée, ou, en d'autres termes, tant que le principe sucré n'est pas pleinement décomposé. De là l'avantage de mettre le vin en tonneaux avant que tout le principe sucré ait disparu, parce qu'alors la fermentation spiritueuse se continue et se prolonge longtemps, et écarte tout ce qui pourrait préparer la décomposition acéteuse. De là l'usage d'ajouter un peu de sucre ou du moût dans le tonneau, pour continuer la fermentation lorsqu'elle s'est apaisée, et qu'on craint la dégénération.

2° Les vins les moins spiritueux sont ceux qui tournent le plus vite.

Nous devons distinguer avec soin l'altération des vins faibles d'avec celle des vins généreux. Dans les premiers, le principe de la fermentation se sépare et reste dispersé dans la liqueur, qu'il rend trouble ; la couleur devient lie de vin, mais la saveur est à peine acide : on appelle cette décomposition *tourner, se troubler*. Dans les seconds, comme l'esprit-de-vin y est plus abondant, les phénomènes y sont aussi différents, et l'acide y devient plus fort.

La différence qu'il y a encore entre les vins faibles et les vins très-généreux, c'est que ceux-ci ne tournent plus à l'aigre lorsqu'on les a dépouillés, par le collage, la clarification et le soufrage, de tout le principe de la fermentation; tandis que les vins faibles conservent toujours assez de ce principe, qui leur est inhérent, pour passer à l'aigre.

3° J'ai exposé des vins vieux du Languedoc, bien préparés et très-généreux, dans des bouteilles débouchées, à l'ardeur du soleil des mois d'août et juillet, pendant plus de quarante jours, sans que le vin ait perdu sa qualité; seulement le principe colorant s'est constamment précipité sous la forme d'une membrane qui tapissait le fond de la bouteille. Il est à noter que ce vin a pris une légère amertume, et a laissé dégager quelques filaments de lie qui formaient un nuage dans la liqueur, ce qui confirme la théorie que nous développerons par la suite, de la cause de l'amertume que prennent quelques vins, lorsqu'ils commencent à vieillir.

4° Le vin ne s'acidifie ou ne s'aigrit que lorsqu'il a le contact de l'air : l'air atmosphérique, mêlé dans le vin, est un vrai levain acide.

Lorsque le vin *pousse*, il laisse échapper ou exhaler le gaz qu'il renferme. Rozier a proposé d'adapter une vessie à un tuyau qui aboutisse dans la capacité du tonneau, pour juger de l'absorption de l'air et du dégagement du gaz. Lorsqu'elle s'emplit, le vin tend à la *pousse;* si elle se vide, il tourne à l'*aigre*.

Lorsque le vin pousse, le tonneau laisse reverser le vin sur les parois; et, lorsqu'on fait un trou avec une vrille, le vin s'échappe avec sifflement et écume : lorsqu'au contraire le vin tourne à l'aigre, les parois du tonneau, le bouchon et les luts sont secs, et l'air s'y précipite avec effort dès qu'on débouche (1).

On peut conclure de ce principe que le vin, enfermé dans des vases bien clos, n'est pas susceptible d'aigrir.

____

(1) La pousse du vin a tous les caractères d'une seconde fermentation. L'accescence est une dégénération de la liqueur

Dans les pays où le vin a une grande valeur, et où, par conséquent, l'acescence occasionne des pertes considérables, on a observé que la dégénération acide se manifestait d'abord dans la partie de la liqueur qui occupe le haut du tonneau, d'où elle descend peu à peu dans toute la masse; et, en partant de cette observation, on a été conduit à soutirer le vin par le bas, de manière à séparer tout le liquide qui n'a pas été altéré. Par ce moyen extrêmement simple, dès qu'on s'aperçoit que le vin commence à tourner, on peut en soustraire une grande partie à la dégénération. Il est probable que l'acescence ne commence par les couches supérieures ou voisines de la *bonde* que parce que l'air pénètre plus aisément par cette partie.

5° Il est des temps dans l'année où le vin tourne à l'aigre plus aisément : ces époques sont le retour des chaleurs, le moment de la séve de la vigne, l'époque de sa floraison et le temps où le raisin commence à rougir. C'est surtout dans ces moments qu'il faut le

spiritueuse ; elle n'est excitée que par le contact et l'absorption de l'oxygène de l'air atmosphérique.

surveiller pour parer à la dégénération acide.

6° Le changement dans la température provoque encore l'acescence du vin, surtout lorsque la chaleur s'élève à 20 ou 25 degrés. Alors la dégénération est rapide et presque inévitable.

Il est aisé de prévenir cette altération en écartant toutes les causes que nous venons d'assigner; mais je crois qu'il est impossible de faire rétrograder la marche du vin, lorsque l'acescence s'est déclarée : dans ce cas, on peut tout au plus en masquer le goût par quelques moyens qui sont connus de tout le monde, et que nous allons rapporter.

On dissout du moût cuit, du miel ou de la réglisse, dans le vin où l'acidité se manifeste : par ce moyen, non-seulement on corrige le goût aigre, en le remplaçant par la saveur douceâtre de ces ingrédients, mais on rétablit la fermentation spiritueuse en donnant au ferment, qui existe encore dans le vin, le principe sucré qui lui est nécessaire. Par ce moyen, on force le ferment à s'exercer sur le sucre, et à produire du vin au lieu de produire de l'acide, en portant son action sur les autres principes et se combinant avec l'air.

On s'empare du peu d'acide qui a pu se former, à l'aide des cendres, des alcalis, de la craie, de la chaux, et même de la litharge. Cette dernière substance, qui forme un sel très-doux avec l'acide acétique, est d'un emploi très-dangereux. On peut aisément reconnaître cette sophistication criminelle, en versant de l'hydro-sulfure de potasse (foie de soufre) dans le vin : il s'y forme de suite un précipité abondant et noir. On peut encore faire passer du gaz hydrogène sulfuré à travers cette liqueur altérée ; il s'y produira pareillement un précipité noirâtre qui n'est qu'un sulfure de plomb.

Les écrits des œnologues fourmillent de recettes qu'on propose pour corriger l'acidité des vins.

Bidet prétend qu'un cinquantième de lait écrémé, ajouté à du vin aigri, le rétablit, et qu'on peut le transvaser en cinq jours. Le lait n'a, dans cette circonstance, que l'avantage de clarifier le vin et de s'emparer du principe végéto-animal, qui donne lieu à la dégénération acide.

D'autres prennent 4 onces de blé de la meilleure qualité, le font bouillir dans l'eau jusqu'à ce qu'il crève, et, lorsqu'il est refroidi, on le met dans un petit sac qu'on plonge dans le tonneau, et l'on remue bien avec un bâton.

On conseille encore les semences de poireau, celles de fenouil, etc.

SECTION III.

De quelques autres altérations du vin.

Indépendamment des altérations dont nous venons de parler, il en est encore d'autres qui, quoique moins communes et moins dangereuses, méritent de nous occuper. Le vin contracte quelquefois ce qu'on appelle généralement *goût de fût*. Cette maladie peut provenir de deux causes : la première a lieu lorsque le vin est enfermé dans un tonneau dont le bois était vicié, vermoulu, pourri ; la deuxième survient toutes les fois qu'on laisse sécher de la lie dans des futailles, et qu'on y verse ensuite du vin, quoiqu'on ait alors la précaution de l'enlever. Willermoz a proposé l'eau de chaux, l'acide carbonique et le gaz acide muriatique oxygéné, pour corriger le goût de fût qui appartient au tonneau. D'autres conseillent de coller et de soutirer le vin avec soin, et d'y faire infuser du froment grillé pendant deux ou trois jours. En Bourgogne, lorsque le vin a contracté le goût de fût, on passe ce vin sur la lie du vin non vicié, on le roule avec soin, on le goûte, pour s'assurer du moment où le mauvais goût a disparu, et on colle. Lorsque le goût ne disparaît pas à une première opération, on la renouvelle.

Les vins contractent encore, avec le temps, une imperfection qu'on appelle *amertume* : ceux de Bourgogne y sont très-sujets. Je regarde cette mauvaise qualité des vins comme une suite de leur travail dans le verre ou les tonneaux : car les vins se dépouillent peu à peu de leur principe végéto-animal ou levure, qui se dépose sous forme de lie, se décompose par la fermentation insensible, ou est précipité par le soufre et extrait par les blancs d'œufs ; mais lorsque le vin est dépouillé de ce principe, alors le principe acerbe, inhérent au vin de Bourgogne, et qui y était masqué par le principe doux, paraît seul et avec tous ses caractères. Ce qui paraît prouver mon opinion à ce sujet, c'est que ce vin se conserve très-bien, qu'il ne se corrige point de cette impression, qu'il ne contracte ce mauvais goût qu'avec le temps; de sorte qu'on peut regarder l'amertume comme une suite naturelle du travail du vin. Cette opinion paraît d'autant plus vraisemblable, que le vin de Bourgogne a, dans sa maturité, un petit arrière-goût acerbe, que tout le monde lui connaît.

Je crois qu'on pourrait corriger ce goût en roulant ce vin sur une première lie, ou en y ajoutant à propos un peu de dissolution de sucre, ou mieux encore un litre de *vin muet* par pièce de vin.

Un phénomène qui a autant frappé qu'embarrassé les nombreux écrivains qui ont parlé des maladies du vin, c'est ce qu'on appelle les *fleurs de vin*; elles se forment dans les tonneaux, mais surtout dans les bouteilles dont elles occupent le goulot; elles annoncent et précèdent constamment la dégénération acide du vin ; elles se manifestent dans presque toutes les liqueurs fermentées. Je les ai vues se former en si grande abondance, dans un mélange fermenté de mélasse et de levure de bière, qu'elles se précipitaient, par pellicules ou couches nombreuses et successives, dans la liqueur. J'en ai obtenu, de cette manière, une vingtaine de couches.

Ces fleurs, que j'avais prises d'abord pour un précipité de tartre, ne sont plus à mes yeux qu'une légère altération du principe végéto-animal, qui, comme nous l'avons observé, passe avec une merveilleuse facilité à l'état de fibre. Cette substance se réduit à presque rien, par la dessiccation, et n'offre à l'analyse qu'un peu d'hydrogène et beaucoup de carbone.

On a vu, en 1791 et 1792, tout le produit d'une vendange, altéré dans les premiers temps par une odeur âcre, nauséabonde, qui disparut à la suite d'une fermentation très-prolongée : cet effet était dû à une énorme quantité de punaises de bois, qui s'étaient jetées sur les raisins et qu'on avait écrasées dans le foulage.

CHAPITRE VIII.

DE L'ACÉTIFICATION, OU DE LA FABRICATION DU VINAIGRE.

Nous ne nous sommes occupés, dans le chapitre précédent, que des dégénérations du vin, que nous avons considérées comme des maladies qu'il s'agissait de prévenir ou de corriger ; mais l'acétification forme un art particulier, connu sous le nom de l'*Art du Vinaigrier*, et comme il importe souvent au propriétaire de vin de le convertir en vinaigre, nous avons cru devoir nous occuper spécialement de cet objet.

Le plus répandu et le plus utile de tous les acides est l'*acide acétique*, plus connu sous le nom de *vinaigre* : ses usages économiques, son emploi dans les arts, sa formation journalière par la dégénération de nos vins, ont rendu cet acide familier à tout le monde.

Ses caractéres sont les suivants :

Odeur particulière, vive sans être irritante.

Saveur aigre, ni forte, ni désagréable.

Couleur du vin qui l'a produit, limpide comme l'eau, quand on l'a distillé.

Concentration ordinaire de 2 à 5 degrés.

L'altération spontanée des liqueurs spiritueuses fournit presque tout le vinaigre dont on fait usage dans les arts et dans nos préparations de cuisine.

Nous ferons connaître les principales conditions qu'exige l'acétification ; les unes sont nécessaires, toutes sont favorables : nous indiquerons le degré d'influence des unes et des autres.

Ire Condition. *La présence dans le vin d'une portion du principe végéto-animal.*

Les fabricants d'Orléans préfèrent le vin d'un an au vin qui vient d'être fait, parce que ce dernier subit un reste de fermentation spiritueuse qui ne permet pas la dégénération acide. Mais le vin qui s'est dépouillé de tout son principe végéto-animal ne tourne plus à l'aigre ; il perd sa couleur, devient acerbe, mais sans aigrir : c'est ce que j'ai éprouvé sur les vins vieux et très-spiritueux du Midi, en les tenant au soleil pendant longtemps. Il est connu qu'on détermine l'acétification en faisant digérer dans le vin des ceps de vigne, de la grappe de raisin, des bois verts, etc.

Il paraît qu'en rapprochant toutes les circonstances qui influent sur l'acétification on ne peut pas se refuser à regarder le principe végéto-animal au moins comme un intermède ou un ferment de la conversion des vins en vinaigre.

IIe Condition. *L'existence d'un principe spiritueux.*

Tous les corps qui ont subi la fermentation spiritueuse sont susceptibles d'une acétification spontanée : les vins, le cidre, le poiré, la bière, le tafia, etc., sont tous dans ce cas.

Les vins les plus généreux ou les plus riches en alcool fournissent les meilleurs vinaigres.

La seule addition d'alcool à des substances qui contiennent du principe extractif y détermine la fermentation acide. Sthal avait déjà observé que si on humectait des fleurs de rose ou de muguet aveo de l'alcool, et qu'on les mit dans des vases où on pût les agiter de temps en temps, il se formait du vinaigre. Le même chimiste nous apprend encore que si, après avoir saturé l'acide du jus de citron avec des yeux d'écrevisse, on mêlait de l'alcool à la liqueur qui surnage le précipité qui s'est formé, et qu'on abandonnât le tout à une douce température, il se produisait du vinaigre.

Après avoir épuisé le vin, par la distillation, de tout l'alcool qu'il peut fournir, il suffit d'en arroser le résidu pour y développer une bonne fermentation acéteuse.

Le seul principe amylacé, livré à la fermentation, se pourrit; l'alcool seul n'éprouve pas d'altération : leur réunion passe à la fermentation acide.

J'ai constaté ces principes par des expériences directes.

1° Un litre ou deux livres d'alcool à 12 degrés, dans lequel j'ai délayé avec soin 15 grammes ou environ 300 grains de levure de bière, et un peu d'amidon dissous dans l'eau, ont produit du vinaigre extrèmement fort.

L'acide y était développé le cinquième jour de l'expérience.

2° Même quantité de levure et d'amidon, délayés dans l'eau, ont produit du vinaigre ; mais l'acide s'est développé plus lentement, et il n'a jamais acquis la même force que le premier.

On peut conclure, de ce qui précède, que les substances extractives, amylacées, végéto-animales, spiritueuses, etc., peuvent servir de base indistinctement à la fermentation acéteuse et à la formation du vinaigre. Le mouvement et la chaleur ne servent qu'à faciliter leur combinaison avec l'oxygène de l'air atmosphérique ; de sorte que ces substances fournissent le radical à l'acide, qui est le résultat de cette fermentation.

IIIe Condition. *Le contact de l'air.*

Aucune matière alcoolique n'éprouve de fermentation acide, si elle n'a le contact de l'air : les vins bien fermés dans le verre, les marcs de raisin bien clos dans les futailles, s'y conservent sans altération ; mais ils s'acidulent dès que l'air peut y pénétrer. Ce principe paraîtrait contredit par une expérience de Becher, qui prétend avoir fait du vinaigre dans des vaisseaux fermés ; mais cette expérience isolée est contraire à tout ce que la plus exacte observation nous apprend chaque jour. Rozier a vu constamment l'air s'absorber, dans le moment que le vin tourne à l'aigre : il est connu de tout le monde que, lorsque le vin aigrit dans une futaille à moitié pleine, l'air extérieur s'y précipite avec sifflement, du moment qu'on établit une communication.

Lorsque, dans le langage vulgaire, qui n'est souvent que l'énergique expression des faits, on veut exprimer que le vin est passé à l'aigre, on dit qu'il a *pris de l'air* : cette manière de s'énoncer, puisée dans l'observation exacte d'un fait, a devancé de plusieurs siècles la doctrine moderne sur l'acétification.

IVe Condition. *Un degré de chaleur sou-tenu entre* 20 *et* 30 *du thermomètre de Réaumur.*

L'acétification s'opère très-souvent à un degré bien au-dessous, mais alors elle est lente, et l'observation a prouvé que la température de 20 à 30 degrés était la plus favorable. Dans les ateliers où l'on fabrique le vinaigre, on a la précaution de maintenir la chaleur à ce degré, par le moyen des poêles, lorsque l'atmosphère ne la donne pas.

Ve Condition. *Un levain.*

Tant que les principes constituants d'un corps sont dans de justes proportions ou dans leur équilibre naturel, il ne survient aucun changement ; mais si l'on fait prédominer l'un des principes, ou si l'on en introduit un étranger, l'équilibre est rompu, l'ordre des affinités est changé, et l'on donne lieu à des mouvements, à des réactions qui changent la nature du composé primitif : c'est là le premier effet des levains.

On peut même diriger ou maîtriser la marche des nouvelles opérations, et déterminer d'avance le résultat qui doit s'ensuivre, en employant des ferments de telle ou telle nature : c'est ainsi que les lies de vinaigre et les futailles qui en sont imprégnées décident et facilitent l'acétification.

VIe Condition. *Un léger mouvement.*

On sait que pour préserver le vin de toute altération il faut le mettre à l'abri des secousses, et dans des lieux où l'air soit tranquille et la température fraiche et égale.

Un léger mouvement imprimé par intervalles au tonneau qui contient du vin, un ébranlement excité dans l'air par une cause quelconque capable de produire un léger frémissement dans le liquide, sont des causes très-ordinaires de l'altération du vin : c'est ainsi que dans les caves peu profondes, de même que dans celles qui reçoivent la secousse continuelle de quelque mécanique bruyante, ou du roulis journalier des voitures, le vin se conserve difficilement. Il est probable que l'effet du tonnerre sur le vin ne reconnaît pas d'autre cause.

Dans tous les cas, le premier effet du mouvement est de mêler avec le vin le tartre, la lie, l'extractif, et généralement tous les principes qui se déposent par le repos : conséquemment, la dépuration ou clarification devient impossible, et toutes les matières ramenées dans une liqueur qui s'en était purgée, et mises de nouveau en contact avec l'air, forment tout autant de levains de fermentation.

Cette doctrine s'accorde parfaitement avec tous les soins qu'on prend pour préserver le vin de toute altération : on le laisse déposer, on le transvase, on le colle, et par toutes ces opérations on le débarrasse de tous les principes qui pourraient provoquer la fermentation acide.

Après avoir fait connaître les principales conditions de l'acétification des liqueurs fermentées, il me reste à en décrire les phénomènes.

1° Il se produit un mouvement dans la masse, et une sorte de frémissement entre

toutes les parties constituantes qui est sensible à l'œil.

2° Il se dégage de la chaleur : je l'ai vue
s'élever à 25 et 30 degrés dans de grands volumes de liquide.

3° On voit s'élever et s'échapper de petites
bulles, qui sont un mélange d'alcool et d'acide
carbonique.

4° La liqueur devient trouble ; on voit s'a-
giter et se mouvoir dans son sein des stries
qui s'élèvent, se précipitent, se divisent, se
réunissent et forment un dépôt, ressemblant
par sa consistance à de la bouillie, adhérant
avec force à tous les corps qu'il touche.

Lorsque tous ces phénomènes ont cessé, et
que le dépôt s'est formé, la liqueur est claire
et le vinaigre est fait.

Dans la conversion du vin en vinaigre,
l'alcool disparaît complétement ; et si la distillation du vinaigre en fournit quelquefois,
c'est que l'acétification est encore incomplète.
J'ai vu constamment que les bons vinaigres
n'en donnent point.

Les liqueurs spiritueuses ou alcooliques
subissent, toutes, la fermentation acide, et

celles qui fournissent le plus d'alcool donnent le meilleur vinaigre.

Nous nous bornerons ici à parler du vinaigre de vin, du vinaigre de grain et de celui
qu'on extrait par la distillation des substances
végétales : nous entrerons dans quelques détails sur la fabrication de chacun d'eux.

SECTION PREMIÈRE.

De la fabrication du vinaigre de vin.

Dans les pays de grand vignoble, surtout
dans les climats chauds, tels que le midi de la
France, on s'occupe moins des procédés de
fabriquer le vinaigre que des moyens propres à empêcher les vins de *tourner;* et, malgré tous les soins qu'on y apporte, la quantité
de vin qui passe à l'aigre surpasse de beaucoup la quantité qu'on peut en consommer.

Mais, dans les climats moins chauds et où
le vin a plus de valeur, on a fait un art particulier de la fabrication du vinaigre.

Le procédé le plus anciennement connu est
celui dont Boerhaave nous a laissé la descrip-

tion : il consiste à placer deux cuves de bois
dans un lieu chaud; on assujettit une grille
ou claie à une petite distance du fond. Sur
cette claie, on établit un lit médiocrement
serré de branches de vignes vertes, et on
achève de remplir le tonneau avec des *raftes*.
Lorsque les cuves sont ainsi disposées, on en
remplit une de vin, et l'autre seulement à
moitié. Vingt-quatre heures après, on remplit le tonneau demi-plein avec la liqueur de
l'autre; on reverse, vingt-quatre heures
après, du tonneau plein dans celui qu'on a
vidé, et on renouvelle cette manœuvre tous
les jours, jusqu'à ce que le vinaigre soit fait,
Par ce moyen, on modère sans cesse la fermentation, on entretient la masse fermentante dans un mouvement convenable, et
l'acétification est complète en quinze ou vingt
jours. La chaleur de l'atelier doit être de 18
à 22 degrés, thermomètre de Réaumur.

Presque tout le vinaigre du nord de la
France se prépare à Orléans, et sa fabrication
y a acquis une telle célébrité, qu'on doit regarder les procédés qu'on y exécute comme
les meilleurs. Voici ce à quoi ils se réduisent,

d'après MM. Prozet et Parmentier, deux bons juges dans cette affaire.

Dans les fabriques d'Orléans, on emploie des tonneaux qui contiennent à peu près quatre cents litres de vin ; on préfère ceux qui ont déjà servi à la fabrication du vinaigre.

Ces tonneaux sont placés sur trois rangs les uns sur les autres ; ils sont percés, à la partie supérieure, d'une ouverture de deux pouces de diamètre, laquelle reste toujours ouverte.

D'un autre côté, le vinaigrier tient le vin qu'il destine à l'acétification, dans des tonneaux dans lesquels il a mis une couche de copeaux de hêtre, sur lesquels la lie fine se dépose et reste adhérente : c'est de ces tonneaux qu'il soutire le vin très-clarifié pour le convertir en vinaigre.

On commence par verser dans chaque *mère* (tonneau) cent litres de bon vinaigre bouillant, et on l'y laisse séjourner pendant huit jours ; on mêle ensuite dix litres de vin dans chaque mère, et on continue à en ajouter tous les huit jours une égale quantité, jusqu'à ce que les vaisseaux soient pleins : on laisse alors séjourner le vinaigre pendant quinze jours, avant de le mettre en vente.

On ne vide jamais les mères qu'à moitié, et on les remplit successivement, ainsi que nous l'avons déjà dit, pour convertir du nouveau vin en vinaigre.

Pour juger si la mère travaille, les vinaigriers sont dans l'usage de plonger une douve dans le vinaigre, et de la retirer aussitôt; ils voient que la fermentation marche, et est en grande activité, lorsque le sommet mouillé de la douve présente de l'écume ou la *fleur de vinaigre*, et ils ajoutent plus ou moins de vin nouveau, et à des intervalles plus ou moins rapprochés, selon que l'écume est plus ou moins considérable.

En été, la chaleur de l'atelier est suffisante pour l'acétification; mais, en hiver, on entretient une chaleur constante de 18 degrés, au moyen d'un poêle.

Dans la plupart des ménages de campagne, on conserve, dans un lieu de température douce et égale, un tonneau qu'on appelle le *tonneau du vinaigre*, dans lequel on verse le vin qui s'aigrit, et on le tient toujours plein, en remplaçant par du vin le vinaigre qu'on en extrait. Pour établir cette ressource précieuse, il suffit d'avoir acheté une seule fois un tonneau de bon vinaigre.

Dans tous les pays de vignoble, on fait des vinaigres avec les rafles et les marcs des raisins, avec le résidu de la distillation, etc.

Si l'on fait fortement sécher au soleil les rafles de raisin, et qu'on les imprègne ensuite d'un vin généreux, il s'y développera une fermentation acide.

Le marc du raisin, après qu'on en a exprimé le suc, s'échauffe par le contact de l'air, et tout le liquide dont il est imprégné passe à l'acide.

On produit encore un vinaigre léger avec le résidu de la distillation des vins.

Pour clarifier le vinaigre, il suffit de verser sur une dame-jeanne de vinaigre un verre de lait bouillant, et d'agiter le mélange. Il se forme un dépôt, le vinaigre devient *paillet* et conserve son arome, qu'il perd par la distillation.

SECTION II.

De la fabrication du vinaigre de bière.

Sans doute, le vinaigre de vin est le meilleur de tous ; mais, comme cet acide fait la base de quelques préparations importantes, telles que la fabrication du sel de saturne et celle du blanc de plomb et des céruses, on a appris à le former par l'acétification de la bière. Les procédés qu'on suit sont tellement économiques, que les fabriques de ces produits sont généralement établies dans le Nord, et alimentées avec le vinaigre de bière.

Je décrirai le procédé que j'ai vu exécuter dans la Belgique, et je terminerai par faire connaître quelques modifications apportées à cette méthode dans d'autres pays du nord de l'Europe.

A Gand, où la fabrication m'a paru la plus parfaite, on prend :

1,440 liv. de malt (orge germée et desséchée),
  540 — de froment,
  390 — de blé-sarrasin,
____
2,370 livres (1).

(1) La livre de Gand est égale à 432,825 grammes.

Ces grains sont moulus, mélangés et jetés dans la chaudière; on y fait passer vingt-sept tonneaux d'eau de rivière; on laisse bouillir le tout pendant trois heures, et il reste dix-huit tonneaux de bonne bière qu'on soutire.

On verse sur ces mêmes grains encore huit tonneaux d'eau; on fait bouillir seize à dix-huit heures, après quoi on soutire : cette seconde opération fournit ce qu'on appelle la *petite bière*.

On procède à la fermentation d'après les procédés connus pour former la bière, avec la seule différence qu'on n'emploie pas de houblon.

Le brassin entier fournit, à peu de chose près, vingt-quatre tonneaux de bière.

Cette bière, ainsi préparée chez les brasseurs, est transportée chez le vinaigrier, qui la distribue dans des *pipes,* contenant à peu près trois tonneaux. On n'emploie à cet usage que les tonneaux dans lesquels on a transporté les vins d'Espagne ou l'eau-de-vie.

Ces barils ou pipes sont couchés à côté les

Elle est à l'hectogramme dans le rapport de 17,313 à 4,000.
Elle est par rapport à la livre de Paris comme 13 est à 10.

uns des autres, sur des tréteaux qui les élèvent
d'un pied (0^m,324) au-dessus du sol ; on les
place dans un lieu très-ouvert, de manière
qu'aucun corps ne puisse intercepter ou affai-
blir les rayons directs du soleil. Les tonneaux
sont percés, dans la partie supérieure, d'une
ouverture qui a 50 à 60 millimètres carrés.

Quelques vinaigriers laissent fermenter la
bonne et la petite bière séparément, et obtiennent des vinaigres de deux qualités, qu'ils
mêlent ensuite pour n'en donner au commerce
qu'une seule ; d'autres font le mélange de la
bonne et de la petite bière avant la fermentation : il est indifférent de suivre l'une ou
l'autre méthode.

Les barils ne sont remplis que jusqu'à un
demi-pied (0^m,162) de leur ouverture : cette
précaution est indispensable pour que la bière
ne déborde pas pendant la fermentation.

Les barils restent toujours ouverts ; on place
des tuiles sur leur ouverture, pendant la nuit
et dans un temps pluvieux.

C'est ordinairement vers la fin du mois de
mai que les vinaigriers s'occupent de leur fabrication, et le vinaigre est parfait au bout de

quatre à cinq mois; c'est vers la fin de septembre qu'on le soutire pour l'emmagasiner.

Chaque tonneau de bière contient 140 pots de Gand, qui ne donnent que 120 pots de vinaigre; de sorte que le brassin entier fournit 2,880 pots de vinaigre (1).

Quelques vinaigriers suppriment le froment qu'ils remplacent par le seigle, l'avoine ou les grosses fèves; mais ils obtiennent un vinaigre de moindre qualité. Il est reconnu, par une longue expérience, que les grains et les proportions déterminées ci-dessus donnent le meilleur vinaigre, et que ce n'est qu'aux dépens de la qualité du produit qu'on peut les changer.

En calculant les frais de l'opération sur les prix moyens des futailles, des denrées, de la main-d'œuvre, de l'intérêt de l'argent, la bière revient à environ un décime de franc, ou 2 sous le litre ou la pinte.

Partout on fait fermenter les grains pour

____

(1) Le pot de Gand est égal à un litre 151,000, ou il est au litre comme 1,151 est à 1,000.

Vingt-trois pots de Gand sont à peu près 20 litres ou 20 pintes de Paris.

former de la bière, mais toujours sans mélange de houblon. Il est des pays, dans le
Nord, où l'on détermine la fermentation acide
par des levains dont la nature varie selon les
lieux et les ateliers : ici, c'est du pain nouvel-
lement cuit qu'on humecte avec du fort vinaigre, et qu'on conserve quelque temps avant de
s'en servir; là, c'est du levain de pâte, mêlé
avec des queues de raisins de caisse ou des raisins gâtés, le tout humecté de bon vinaigre.

Ailleurs, on fait germer le grain, et on le
sèche au soleil et non dans une étuve, pour
obtenir un vinaigre plus blanc, et dont l'odeur
soit plus agréable; on le broie lorsqu'il est
sec, et on le met dans une cuve. On verse sur
100 livres de malt un tonneau d'eau bouillante, de la capacité de ceux de Bourgogne;
après un quart d'heure de digestion, on remue avec soin, et on laisse reposer environ
une heure, puis on soutire la liqueur. La
cuve a un double fond percé de plusieurs trous
et recouvert d'une couche de paille; de sorte
que le malt reste dessus, et la liqueur qui
passe est filtrée. On fait couler la liqueur dans
des vases de bois de plusieurs pieds de largeur

sur un de hauteur; on la fait passer d'un vase dans un autre, en la remuant continuellement avec une pelle percée de trous.

Dès que la liqueur a pris, par le refroidis-sement, la douce température du lait qu'on vient de traire, on la verse dans une grande cuve, et on y met du levain de bière, pour qu'elle passe à la fermentation vineuse : il faut au moins vingt-quatre heures pour pro-duire cette fermentation. Alors on met cette bière dans des tonneaux qu'on ne remplit qu'aux trois quarts, et dont on laisse la bonde ouverte. Les tonneaux sont exposés dans une étuve, à une chaleur constante, où on laisse fermenter pendant environ un mois ou six semaines. On clarifie le vinaigre en le faisant couler à travers des chausses de feutre de laine.

SECTION III.

De la fabrication du vinaigre, par la distillation des substances végétales et animales.

L'acide acétique se forme non-seulement

par la fermentation, ainsi que nous venons de le voir, mais il est encore le produit de la distillation de quelques matières animales, et surtout des substances végétales qui le fournissent en assez grande quantité pour qu'on puisse l'employer avantageusement dans les arts.

Une analyse exacte a prouvé à MM. Fourcroy et Vauquelin que les acides pyro-muqueux, pyro-ligneux et pyro-tartareux n'étaient que de l'acide acétique souillé d'un peu d'huile empyreumatique, et dont il suffisait de les dépouiller pour avoir l'acide acétique très-pur. Ces deux habiles chimistes sont parvenus à donner à l'acide acétique du vin tous les caractères de ces trois acides, en dissolvant à chaud, et même à froid, dans l'acide acétique, les huiles empyreumatiques de ces trois substances.

M. Thénard a prouvé, d'un autre côté, que l'acide zoonique, que M. Berthollet avait obtenu de la distillation de la chair musculaire, n'était que de l'acide acétique, tenant en dissolution une matière animale qui se rapproche de l'état huileux.

De sorte que l'acide acétique se produit journellement par la distillation, et que c'est l'acide dont les éléments, toujours présents dans les substances animales et végétales, se combinent avec le plus de facilité.

L'acide acétique obtenu par la distillation des produits des substances végétales a déjà reçu dans les arts des applications heureuses; mais, quoique toutes les parties des végétaux fournissent cet acide, qu'on avait appelé de divers noms selon la partie qu'on soumettait à la distillation, toutes n'en fournissent pas la même quantité. Les bois durs en donnent le plus, et le procédé par lequel on les réduit en charbon présente à l'artiste un moyen économique de se le procurer. Il ne s'agit que de recevoir dans de vastes récipients, tels que des tonneaux, et de rafraîchir ou condenser les vapeurs qui s'échappent en fumée pendant la carbonisation; on peut les diriger à l'aide de tuyaux de fer semblables à des tuyaux de poêle. Ce procédé très-économique fournit un acide qui marque 4 à 6 degrés à l'aréomètre, qui est noirâtre, exhale une odeur empyreumatique, dissout le fer avec facilité, et la dissolution prend à froid jusqu'à 20 et 22 degrés.

Cet acide est préféré au vinaigre pour tous les usages de la teinture et de l'impression sur toile; il porte avec lui une huile qui forme un excellent mordant pour les toiles de lin et de coton, et déjà il remplace l'acide acétique dans toutes les teintures, où il sert à composer ce qu'on appelle le *bouillon noir,* ou le mordant pour les noirs, les violets, les pruneaux, les lilas, les nankins, etc. Les couleurs portées sur ce mordant sont plus nourries, plus vives et beaucoup plus fixes (1).

L'acide acétique, qu'on avait connu sous le nom d'*acide pyro-ligneux,* était retiré du bois; l'acide pyro-muqueux était fourni par tous les mucilages sucrés ou fades, et l'acide tartareux par la distillation du tartre.

Indépendamment de ces trois acides, qui ont spécialement occupé les chimistes, il est

(1) L'acide extrait par la distillation des substances végétales présente non-seulement toutes les propriétés du vinaigre, mais il a l'avantage sur lui de contenir une huile qui fait un excellent mordant pour les couleurs d'impression et de teinture sur le fil et le coton; ce qui doit le faire préférer au vinaigre.

connu que toutes les substances végétales, de quelque espèce qu'elles soient, donnent un produit acide qui est de la même nature que ceux dont nous venons de parler. On peut donc poser en principe que la distillation des végétaux produit constamment du vinaigre.

Lorsqu'on veut employer, aux usages de la teinture, l'acide acétique provenant de la distillation, il est inutile, il serait même préjudiciable à ses propriétés de lui enlever l'huile qu'il tient en dissolution; mais, lorsqu'on désire de l'obtenir très-pur, on peut y parvenir par les procédés suivants :

On commence par saturer l'acide pyro-ligneux avec de la craie; il se forme une écume d'un brun noirâtre qu'on enlève exactement.

On fait bouillir la liqueur, et on achève de la saturer avec de la chaux délitée.

On y ajoute ensuite une quantité convenable de sulfate de soude. Il y a décomposition et échange de bases entre l'acétate de chaux et le sulfate de soude, et il en résulte de l'acétate de soude et du sulfate de chaux. Ce dernier sel, qui est insoluble, se précipite.

Lorsque le sulfate de chaux est bien déposé,

on décante la dissolution d'acétate de soude, et on la concentre jusqu'à pellicule; on la verse dans des cristallisoirs où elle se prend en masse par le refroidissement.

Cette masse est noire et mêlée de beaucoup d'huile et de goudron; on la dessèche par le feu, on lui fait éprouver une fusion ignée, on la redissout dans l'eau, on la filtre, on l'évapore pour la faire cristalliser de nouveau, et, en répétant ces opérations, on purifie complétement ce sel.

On fond alors ces cristaux purifiés dans une suffisante quantité d'eau; on mêle à la dissolution un poids égal d'acide sulfurique, et il en résulte du sulfate de soude qui cristallise facilement, et de l'acide acétique ou vinaigre, qu'on purifie par la distillation.

Les premières opérations s'exécutent dans des vases de tôle ou de fonte; mais, après la seconde cristallisation de l'acétate, on n'emploie que des vases de terre, de grès ou de cuivre étamé.

L'acide est d'autant plus concentré que la quantité d'eau ajoutée est moins considérable.

Cet acide très-concentré se prend en masse

cristalline à la température de 13 degrés sous zéro ; il est sans couleur, d'une saveur très-forte, d'une odeur piquante, et sa pesanteur spécifique à la température de 16 est de 1,063.

Cet acide, extrait du bois, peut être employé à tous les usages économiques et à toutes les préparations pour lesquelles on n'avait connu jusqu'ici que le vinaigre de vin ou de bière ; on lui a reconnu l'avantage d'être plus pur et plus concentré, ce qui le fait préférer dans les arts.

Quelle que soit la méthode par laquelle on ait obtenu du vinaigre, on lui fait subir quelques préparations particulières pour le disposer à ses usages.

Le vinaigre contient toujours une quantité plus ou moins considérable de principe extractif, dont il faut le débarrasser par la distillation ; sans cela, il porterait dans ses combinaisons un principe étranger, qui non-seulement altérerait la qualité du produit, mais qui ralentirait l'action de l'acide sur les corps avec lesquels on le combine.

La distillation s'exécute dans des vaisseaux

de verre, lorsqu'on n'a l'intention que d'en préparer une petite quantité, et dans des alambics de cuivre, lorsqu'on opère pour les arts ou pour le commerce.

La distillation commence au degré de l'eau bouillante ; mais les premiers produits sont faibles, et l'acide le plus concentré passe le dernier.

Le vinaigre distillé est blanc comme l'eau de roche ; il est plus actif que celui qui n'a pas subi cette opération.

Le vinaigre distillé a l'inconvénient de conserver longtemps son odeur de feu ; mais cet inconvénient n'est réel que lorsqu'on le destine à l'usage de nos tables. On peut d'ailleurs le garantir de ce goût, en le distillant au bain-marie et épaississant le bain par une forte dissolution d'un sel, tel que les muriates ou nitrates de chaux, ou les eaux-mères d'un sel quelconque : on imprime par ce moyen une chaleur supérieure à celle de l'eau bouillante.

On connaît, dans le commerce, deux sortes de vinaigres : le blanc, qui est fait avec du vin blanc ou avec du vin rouge qu'on fait aigrir sur du marc de raisin blanc ; et le rouge, qui provient de l'acétification du vin rouge.

Le vinaigre est susceptible de dissoudre et de conserver le principe odorant des végétaux ; on peut donc l'*aromatiser*, et cet art, simple dans ses principes, est devenu une branche considérable d'industrie. La lavande, le thym, le romarin, le citron, l'estragon, sont des substances sur lesquelles on distille ordinairement le vinaigre pour le charger de leur odeur. La plupart de ces vinaigres se préparent par infusion ; on filtre ensuite avec le plus grand soin pour séparer tous les principes étrangers qui en altèrent la couleur et la qualité.

On peut encore aromatiser le vinaigre par le mélange de l'arome des plantes extrait séparément. On donne plus généralement le nom de *vinaigre composé* à celui qu'on a fait infuser sur les végétaux. La médecine et l'art de la toilette se sont emparés de ces méthodes pour fournir un excipient agréable à des médicaments ou à des odeurs.

On emploie le vinaigre pour la conservation des viandes, des fruits et des légumes.

On en fait un sirop qui forme une boisson aussi saine qu'agréable.

On est dans l'usage de concentrer le vinaigre *à la gelée;* on en sépare, par ce moyen, une partie du principe aqueux, qui se convertit en glaçons qu'on enlève à mesure qu'ils se forment.

Mais lorsqu'on veut se procurer un vinaigre plus pur encore et bien déflegmé, on distille les produits dans lesquels il entre comme principe constituant, tels que l'acétate de cuivre ou vert-de-gris cristallisé, et l'acétate de potasse fortement épaissi, d'après le conseil de Stahl.

Westendorf a proposé de distiller l'acétate de potasse avec la moitié de son poids d'acide sulfurique, pour avoir un acide très-concentré.

Lovitz a perfectionné ce procédé, en distillant trois parties d'acétate de potasse avec quatre parties d'acide sulfurique. On redistille ensuite le produit de la première distillation sur l'acétate de baryte qui retient l'acide sulfurique qui peut s'y trouver. L'acide acétique est alors si condensé, qu'il se réduit en cristaux.

Il nous reste à dire un mot des modifications que présente cet acide, dans les divers états où on le trouve, et des circonstances qui favorisent sa formation.

Une expérience que j'ai faite en 1781, et qui se trouve dans les Mémoires de l'Académie des sciences de Paris, pour l'année 1786, peut nous fournir quelque lumière sur la formation de l'acide acétique.

On place immédiatement, sur le chapeau de la vendange en fermentation, des vases peu profonds remplis d'eau pure; après trois ou quatre jours, l'eau est devenue acide, et on la met dans des bouteilles qu'on dépose dans un lieu tranquille, où la température soit d'environ 20 degrés. On laisse les bouteilles débouchées; au bout d'un mois, quelquefois plus tôt, souvent plus tard, il se dégage des flocons du sein de la liqueur, il s'excite une légère fermentation, la liqueur prend le goût et l'odeur du vinaigre, les flocons se déposent, le liquide s'éclaircit, et le vinaigre est fait.

Il faut observer que si, au lieu d'employer

de l'eau pure, on se sert de l'eau de puits ou de toute autre eau tenant des sulfates terreux en dissolution, les phénomènes ne sont plus les mêmes. L'acide sulfurique éprouve une décomposition qui s'annonce par une odeur de gaz hydrogène sulfuré, et par du soufre qui se précipite en nature.

Il est hors de doute que, dans cette expérience, la formation du vinaigre est due à l'action et décomposition de l'alcool, et d'une portion de principe extractif, qui se trouvent dans l'eau qui a passé quelques jours sur le chapeau de la vendange. L'existence de ces deux principes s'y démontre par l'analyse de l'eau. L'odeur d'alcool, qui s'annonce autour d'une cuve où la vendange fermente, nous fait concevoir aisément comment il est possible que de l'eau placée sur la vendange s'en imprègne. L'existence de la matière extractive est moins facile à concevoir ; cependant elle est réelle, et on ne peut pas se refuser à admettre que cette substance a été entraînée par l'alcool ou par l'acide carbonique.

Dans cette expérience d'acétification, le gaz hydrogène sulfuré qui se produit annonce que l'eau se décompose pour fournir l'oxygène, concurremment avec l'acide sulfurique.

Les expériences suivantes, qui présentent pour résultat la formation de l'acide acétique, nous éclaireront encore sur sa nature.

Scheele a obtenu du vinaigre en traitant le sucre et la gomme avec l'oxyde de manganèse et l'acide nitrique.

Le même chimiste a observé que les derniers résultats de la décomposition des acides sur l'alcool, dans la formation des éthers, étaient de l'acide acétique.

Il a encore vu que l'acide oxalique, sur lequel on décomposait l'acide nitrique, se transformait en vinaigre. Hermstadt a fait la même observation sur l'acide tartareux.

Scheele a fait passer l'acide gallique à l'état d'acide acétique, par le moyen de l'acide nitrique.

Creel, en faisant bouillir l'alcool avec l'acide sulfurique et le manganèse, a obtenu du vinaigre et du gaz azote.

Lorsqu'on fait digérer pendant quelques mois un mélange d'alcool et d'acide oxalique, tout devient vinaigre.

En mêlant de l'acide nitrique à l'alcool, on obtient à volonté de l'acide oxalique ou de l'acide nitreux. Il faut une plus forte dose pour le dernier que pour le premier.

M. Berthollet a fait connaître, en 1785, que l'acide muriatique oxygéné (chlore) pouvait convertir l'alcool en sucre, vinaigre et eau.

La séve des arbres présente de l'acide acétique, après quelques heures de repos dans des vases; le tan échauffé en donne; les eaux où trempent les légumes, les choux, les carottes, les navets, les pommes de terre, les concombres, les gousses du haricot, sont fortement acéteuses.

Scheele l'avait extrait du lait aigri; MM. Fourcroy et Vauquelin l'ont trouvé dans le bouillon et les gelées animales, de même que dans l'urine des mammifères.

Il résulte, des expériences nombreuses faites jusqu'à ce jour sur cet acide, qu'il est le produit de la fermentation, de la distillation des végétaux, et de l'action de l'acide nitrique et du muriatique oxygéné, sur les matières végétales ou sur d'autres acides extraits de ces substances.

L'acide acétique privé d'eau, tel qu'il se trouve dans les acétates desséchés, est composé de :

Suivant MM. Gay-Lussac et Thenard :

    Carbone. . . . . . 50,224.
    Hydrogène. . . . . 5,629.
    Oxygène. . . . . . 44,147.

Suivant Berzelius :

    Carbone. . . . . . 46, 83.
    Oxygène. . . . . . 46, 82.
    Hydrogène. . . . . 6, 35.

Si on consulte les analyses les plus exactes qu'on ait faites jusqu'ici des diverses substances végétales, on voit qu'elles sont toutes formées par la combinaison du carbone, de l'oxygène et de l'hydrogène, et que la différence de leur nature ne provient que des proportions dans lesquelles ces principes existent.

On concevra sans peine, d'après cela, la facilité avec laquelle les substances végétales changent de nature, par les progrès de la végétation, par la fermentation, la putréfaction, la distillation, etc. Le sucre, la gomme, l'amidon, ne diffèrent, dans leur analyse, que de quelques centièmes dans les proportions de leurs trois principes constituants, et néanmoins leurs propriétés sont bien différentes : il est probable qu'on arrivera un jour à les transformer l'une dans l'autre, à volonté.

La distillation de l'acétate de cuivre (cristaux de Vénus, vert-de-gris cristallisé) donne un acide acétique très-piquant, et tellement concentré, que le dernier qui passe à la distillation cautérise la peau, d'après l'observation de M. Bauvoisin. (Mémoires de l'Académie royale de Turin, 1788 et 1789.)

On a cru que cet acide différait du vinaigre ordinaire : j'ai même prouvé qu'il contenait beaucoup moins de carbone; mais M. Darracq a fait voir que cet excédant de carbone provenait du principe extractif qui est mêlé avec le vinaigre, et que, lorsqu'on l'en avait débarrassé, ces deux états de l'acide ne différaient que par le degré de concentration.

De sorte qu'aujourd'hui nous ne connaissons qu'un acide de vinaigre, qu'on appelle *acide acétique*.

CHAPITRE IX.

DES VERTUS DU VIN.

Le vin est devenu la boisson la plus ordinaire de l'homme, comme elle en est la plus variée.

Outre que cette liqueur est tonique, fortifiante, elle est encore plus ou moins nutritive : sous tous les rapports, elle ne peut qu'être salutaire. Les anciens lui attribuaient la faculté de fortifier l'entendement : Platon, Eschyle et Salomon s'accordent à lui reconnaître cette vertu ; mais nul écrivain n'a mieux fait connaître les propriétés du vin que le célèbre Galien, qui a assigné à chaque espèce les usages qui lui sont propres, et a décrit les différences qu'y apportent l'âge, le climat, etc.

Les excès du vin ont excité, de tout temps,

la censure des législateurs. L'usage, chez les
Grecs, était de prévenir l'ivresse en se frottant les tempes et le front avec les onguents
toniques. Tout le monde connaît le trait fameux de ce législateur qui, pour réprimer
l'intempérance du peuple, l'autorisa par une
loi expresse; et l'on sait que Lycurgue offrait
l'ivresse en spectacle à la jeunesse de Lacédé-
mone, pour lui en inspirer l'horreur. Une loi
de Carthage prohibait l'usage du vin pendant
la guerre. Platon l'interdit aux jeunes gens
au-dessous de vingt-deux ans; Aristote, aux
enfants et aux nourrices; et Palmarius nous
apprend que les lois de Rome ne permettaient
aux prêtres ou sacrificateurs que trois petits
verres de vin par repas.

Malgré la sagesse des lois, et surtout,
malgré le tableau hideux de l'intempérance,
l'attrait pour le vin devient si puissant chez
quelques hommes, qu'il dégénère en passion
et en besoin. Nous voyons, chaque jour, des
hommes, d'ailleurs très-sages, contracter peu
à peu l'habitude immodérée de cette boisson,
et éteindre dans le vin leurs facultés morales
et leurs forces physiques :

Narratur et prisci Catonis
Sæpe mero incaluisse virtus.

Les qualités du vin diffèrent par rapport à l'âge ou à la vétusté. Le vin récent est flatueux, indigeste et purgatif : *Mustum flatuosum et concoctu difficile. Unum in se bonum continet quod alvum emolliat. Vinum rarum infrigidat — mustum crassi succi est et frigidi.*

Les anciens confondaient ces mots : *Mustum et novum vinum.* Ovide nous dit : *Qui nova musta bibant. Unde virgo musta dicta est pro intacta et novella.*

Il n'y a que les vins légers qu'on puisse boire avant qu'ils aient vieilli : nous en avons donné la raison dans les chapitres précédents. Les Romains, ainsi que nous l'avons observé, pratiquaient cet usage, et ils buvaient de suite les vins suivants : *Vinum Gauranum et Albanum, et quæ in Sabinis et in Tuscis nascuntur, et Amineum quod circa Neapolim vicinis collibus gignitur.*

Les vins nouveaux déterminent aisément l'ivresse, ce qui tient à la quantité d'acide carbonique dont ils sont chargés. Cet acide, en se dégageant de cette boisson par la chaleur de l'estomac, éteint l'irritabilité des organes, et jette dans la stupeur. Cette théorie est fondée sur les expériences de Bergmann, qui nous ont fait connaître que l'acide carbonique ne produisait des effets mortels qu'en éteignant toute irritabilité, à tel point que le cœur des individus qui sont asphyxiés par ce gaz n'en donne plus aucun signe. Il est connu d'ailleurs que les membres qu'on tient, pendant quelque temps, exposés dans l'atmosphère de ce gaz, s'y engourdissent. Il n'est donc pas étonnant que, lorsqu'il se dégage une grande quantité d'acide carbonique des boissons qu'on prend avec trop d'abondance, il en résulte engourdissement, stupeur, ivresse.

Les vins vieux sont, en général, toniques et très-sains : ils conviennent aux estomacs débiles, aux vieillards, et dans tous les cas où il faut donner de la force. Ils nourrissent peu, parce qu'ils sont dépouillés de leurs principes vraiment nutritifs, et ne contiennent presque pas d'autres principes que de l'alcool.

C'est de ce vin que parle le poëte, lorsqu'il dit :

.... Generosum et lene requiro
Quod curas abigat, quod cum spe divite manet,
In venas animumque meum , quod verba ministret ,
Quod me, Lucane, juvenem commendet amicæ.

Les vins gras et épais sont les plus nutritifs : *Pinguia sanguinem augent et nutriunt.* GALIEN. Le même auteur recommande les vins de Therée et de Scibellie, comme très-nourrissants : *Quod crassum utrumque, nigrum et dulce.* Les vins aqueux et point sucrés sont peu nourrissants : *Corpori alimentum subgerunt paucissimum.* GAL.

Les vins diffèrent encore essentiellement par rapport à la couleur. Le rouge est, en général, plus spiritueux, plus léger, plus digestif. Le blanc fournit moins d'alcool ; il est plus diurétique et plus faible : comme il a moins cuvé, il est presque toujours plus gras, plus nutritif, plus gazeux que le rouge.

Pline admet quatre nuances dans la couleur des vins : *album, fulvum, sanguineum, nigrum ;* mais il serait aussi minutieux qu'inutile de multiplier des nuances qui pourraient devenir infinies.

Le climat, la culture, la variété dans les procédés de fermentation, apportent encore des différences infinies dans les qualités et les vertus du vin. Nous renverrons à ce que nous avons déjà dit dans le premier chapitre de cet ouvrage, pour éviter des répétitions fatigantes.

L'art de tempérer le vin par l'addition d'une partie d'eau était pratiqué chez les anciens : c'est ce qu'ils appelaient *vinum dilutum*. Pline, d'après Homère, parle d'un vin qui supportait vingt parties d'eau. Le même historien nous apprend que, dans son temps, on connaissait des vins tellement spiritueux, qu'on ne pouvait pas les boire, *nisi pervincerentur aqua*.

La distillation des vins a donné une nouvelle valeur à cette production territoriale. Non-seulement elle a fourni une nouvelle boisson plus forte, et incorruptible, mais elle a fait connaître aux arts le véritable dissolvant des résines, en même temps qu'un moyen, aussi simple que sûr, de conserver et de préserver de toute décomposition putride les substances animales et végétales. C'est sur ces propriétés remarquables que se sont établis successivement l'art du *vernisseur*, celui du *parfumeur*, celui du *liquoriste*, et autres qui sont fondés sur les mêmes bases.

CHAPITRE X.

DES PRINCIPES CONTENUS DANS LE VIN.

Nous avons déjà suivi l'analyse du vin dans les tonneaux, puisque nous avons vu qu'il s'en précipitait successivement du tartre, de la lie et du principe colorant ; de manière qu'il ne reste presque plus à examiner que l'alcool qu'on peut en extraire par le feu. Mais cette analyse spontanée, qui nous montre séparément les principes du vin, nous éclaire peu sur leur nature, et nous allons tâcher de suppléer, par une méthode plus rigoureuse, à ce qu'elle a d'imparfait.

Nous distinguerons dans tous les vins un acide, de l'alcool, du tartre, de l'extractif, de l'arome et un principe colorant ; le tout délayé ou dissous dans une portion d'eau plus ou moins abondante.

SECTION PREMIÈRE.

De l'acide du vin.

L'acide malique existe dans tous les vins :
je n'en ai trouvé aucun qui ne m'en ait présenté quelque indice. Les vins les plus doux,
les plus liquoreux, rougissent le papier bleu
qu'on y laisse séjourner quelque temps; mais
tous ne sont pas acides au même degré. Il est
des vins dont le caractère principal est une
acidité naturelle : ceux qui proviennent de
raisins peu mûris, ou qui naissent dans des
terres humides, sont de ce genre; tandis que
ceux qui sont le produit de la fermentation des
raisins bien mûrs et sucrés offrent très-peu
d'acide. L'acide paraît donc être en raison in-
verse du principe sucré et de l'alcool qui est
le résultat de la décomposition du sucre.

Cet acide existe abondamment dans le verjus, et se trouve dans le moût, quoiqu'en plus
petite quantité. Toutes les liqueurs fermentées, telles que le cidre, le poiré, la bière,
ainsi que les farines fermentées, contiennent

également cet acide, et je l'ai rencontré jusque dans la mélasse : c'est même pour le saturer complétement qu'on emploie la chaux,
les cendres, ou d'autres bases terreuses ou
alcalines, dans la purification du sucre. Sans
cela, l'existence de cet acide s'oppose à la
cristallisation de ce sel.

Si l'on rapproche le vin par la distillation,
l'extrait qui en résulte est, en général, d'une
saveur aigre et piquante. Il suffit de passer
de l'eau sur cet extrait, ou même de l'alcool,
pour dissoudre et enlever l'acide. Cet acide a
une saveur piquante, une odeur légèrement
empyreumatique, un arrière-goût acerbe, etc.

Cet acide, bien filtré, abandonné dans un
flacon, laisse précipiter une quantité considérable d'extractif; il se recouvre ensuite de
moisissure, et paraît se rapprocher alors de
l'acide acétique. On le purifie, par la distillation, d'une grande quantité d'extractif, et
il est pour lors moins sujet à se décomposer
par la putréfaction.

Cet acide précipite l'acide carbonique de
ses combinaisons; il dissout avec facilité la
plupart des oxydes métalliques, forme des

sels insolubles avec le plomb, l'argent, le mercure, et enlève les métaux à toutes leurs dissolutions par des acides.

Cet acide forme pareillement un sel insoluble avec la chaux. Il suffit de mêler abondamment l'eau de chaux au vin, pour en précipiter l'acide qui entraîne avec lui une grande partie du principe colorant.

Il est toujours mêlé d'un peu d'acide citrique ; car, quand on le fait digérer sur l'oxyde de plomb, outre le précipité insoluble qui se forme, il se produit un citrate qu'on peut y démontrer par les moyens connus.

Cet acide malique disparaît par l'acétification du vin : il n'existe plus dans le vinaigre bien fait que de l'acide acétique. Cette transformation de l'acide malique en acide acétique explique naturellement pourquoi le vin qui commence à aigrir ne peut servir à la fabrication de l'acétate de plomb : il se fait, dans ce cas, un précipité insoluble, dont la formation m'a singulièrement embarrassé jusqu'au moment où j'en ai connu la raison. On peut hâter la transformation de l'acide malique en acide acétique, par le moyen de l'acide nitrique qu'on fait agir sur lui, et qui s'y décompose.

L'existence, à diverses proportions, de l'acide malique dans le vin, nous sert encore à concevoir un phénomène de la plus haute importance, relatif à la distillation des vins et à la nature des eaux-de-vie qui en proviennent. Tout le monde sait que non-seulement tous les vins ne donnent pas la même quantité d'eau-de-vie, mais que les eaux-de-vie qui en proviennent ne sont pas, à beaucoup près, de la même qualité. Personne n'ignore encore que la bière, le cidre, le poiré, les farines fermentées, donnent peu d'eau-de-vie, et toujours de mauvaise qualité. Les distillations soignées et répétées peuvent, à la vérité, corriger ces vices jusqu'à un certain point, mais jamais les détruire complétement : ces résultats constants d'une longue expérience ont été rapportés à la plus grande quantité d'extractif contenu dans ces faibles liqueurs spiritueuses. La combustion d'une partie de ce principe, par la distillation, a paru devoir en être un effet immédiat, et le goût âcre et empyreumatique, une suite très-naturelle ; mais, lorsque j'ai examiné de plus près ce phénomène, j'ai senti qu'outre les causes dépendantes de l'abondance de ce principe extractif, il fallait en reconnaître une autre : la présence de l'acide malique dans presque tous ces cas. En effet, ayant distillé avec beaucoup de soin ces diverses liqueurs spiritueuses, j'ai constamment obtenu des eaux-de-vie acidules, dont le goût était altéré par celui qui appartient essentiellement à l'acide malique. Ce n'est qu'en se bornant à retirer la liqueur la plus volatile, qu'on parvient à séparer un peu d'alcool libre de toute altération : encore conserve-t-il une odeur désagréable qui n'appartient point à l'eau-de-vie pure.

Les vins qui contiennent le plus d'acide malique, fournissent les plus mauvaises qualités d'eau-de-vie : il paraît même que la quantité d'alcool est d'autant moindre que celle de l'acide est plus considérable. Si, par le moyen de l'eau de chaux, de la craie, ou d'un alcali fixe, on s'empare de cet acide, on ne pourra retirer que très-peu d'alcool par la distillation ; et, dans tous ces cas, l'eau-de-vie prend un goût désagréable, ce qui ne contribue pas à en améliorer la qualité.

La différence des eaux-de-vie provenant de la distillation des divers vins dépend donc principalement de la différente proportion dans laquelle l'acide malique est contenu dans ces vins, et l'on n'a pas encore un moyen sûr de détruire le mauvais effet que produit cet acide par son mélange avec les eaux-de-vie.

Cet acide que nous trouvons dans le raisin, à toutes les périodes de son accroissement, et qui ne disparait dans le vin que du moment qu'il a dégénéré complétement en vinaigre, mériterait de préférence la dénomination d'*acide vineux;* néanmoins, pour ne pas innover, nous lui conserverons celle d'*acide malique.*

SECTION II.

Du tartre.

Le tartre existe dans le verjus; il est encore dans le moût; il concourt à la formation de l'alcool, en facilitant la fermentation, ainsi que nous l'avons déjà observé d'après les expériences de M. de Bullion; il se dépose sur les parois des tonneaux par le repos, et y forme une croûte plus ou moins épaisse, hérissée de cristaux assez mal prononcés. Quelque temps avant les vendanges, lorsqu'on dispose les futailles à la recevoir, on défonce les tonneaux, et on détache le tartre pour l'employer dans le commerce à ses divers usages.

Le tartre n'est pas fourni par tous les vins dans la même proportion : les vins rouges en donnent plus que les blancs; les plus colorés, les plus grossiers en fournissent généralement le plus.

La couleur varie aussi beaucoup, et on l'appelle *tartre rouge* ou *tartre blanc*, selon qu'il provient de l'un ou l'autre de ces vins.

Ce sel est peu soluble dans l'eau froide : il l'est beaucoup plus dans l'eau bouillante; il ne se dissout presque pas dans la bouche, et résiste à la pression de la dent.

On le débarrasse de son principe colorant par un procédé simple, et il porte alors le nom de *crème de tartre*. A cet effet, on le dissont dans l'eau bouillante, et dés qu'elle en est saturée, on porte la dissolution dans des terrines pour la laisser refroidir : il se précipite par le refroidissement une couche de cristaux qui sont déjà presque décolorés. On dissout de nouveau ces cristaux dans l'eau bouillante; on mêle et on délaye dans la dissolution quatre ou cinq pour cent d'une terre argileuse et sablonneuse de Murviel, près de Montpellier, et on évapore ensuite jusqu'à pellicule. Par le refroidissement, il se précipite des cristaux blancs qui, exposés en plein air sur des toiles pendant quelques jours, acquièrent cette blancheur qui appartient à la crème de tartre. Les eaux mères sont réservées pour servir à de nouvelles cuites. Telle est, à peu près, la méthode qu'on pratique à Montpellier et dans les environs, où sont établies presque toutes les fabriques connues de crème de tartre.

Le tartre est encore employé comme fondant; il a le double avantage de fournir le carbone nécessaire à la désoxygénation des métaux, et l'alcali, qui est un des meilleurs fondants connus.

On purifie encore le tartre par la calcination; on décompose et détruit son acide par ce premier moyen, et il ne reste plus que l'alcali et le charbon. On dissout l'alcali dans l'eau, on filtre, on rapproche la dissolution, et on obtient ce sel très-connu dans les pharmacies sous le nom de *sel de tartre, sous-carbonate de potasse.*

Le tartre ne fournit guère en alcali que le quart de son poids.

Le principe végéto-animal abonde dans le moût; mais, lorsque la fermentation dénature le principe sucré, le principe végéto-animal diminue sensiblement. Alors une portion, presque ramenée à l'état de fibre, se précipite; le dépôt en est d'autant plus sensible que la fermentation s'est plus ralentie, et que l'alcool est plus abondant : c'est surtout ce qui constitue la *lie.* Cette lie est toujours mêlée d'une quantité assez considérable de tartre qu'elle enveloppe.

Il existe toujours dans le vin une portion de principe végéto-animal qui y est dans une dissolution exacte; on peut l'en retirer par l'évaporation du liquide; il est plus abondant dans les vins nouveaux que dans les vieux : ils en

paraissent d'autant plus complétement débar-
rassés, qu'ils ont plus vieilli.

La lie desséchée au soleil ou dans des étuves, après avoir été fortement exprimée, est
ensuite brûlée pour en extraire cette sorte
d'alcali appelé, dans le commerce, *cendres
gravelées*. La combustion s'opère dans un
fourneau dont on élève les parois à mesure
qu'elle se fait : le résidu est une masse poreuse, d'un gris verdâtre, qui forme environ
la trentième partie de la quantité de lie brûlée.

C'est cette lie dont on débarrasse les vins
par le soutirage, lorsqu'on veut les préserver
de la dégénération acide ; elle n'est qu'une
légère altération de la partie végéto-animale
ou *albumine végétale* de Séguin.

SECTION III.

De l'arome ou bouquet du vin.

Tous les vins naturels ont un bouquet plus
ou moins agréable ; il en est même qui doivent
une grande partie de leur réputation au parfum qu'ils exhalent : le vin de Bourgogne est

dans ce cas-là. Ce bouquet se renforce par la vétusté; il n'existe que rarement dans les vins très-généreux, ou parce que l'odeur de l'alcool le masque, ou parce que la forte fermentation, qui a été nécessaire pour décomposer tous les principes, le fait disparaître.

Cet arome n'est pas susceptible d'être extrait pour être porté à volonté sur d'autres substances. Le feu même paraît le détruire; car, à l'exception du premier liquide qui passe à la distillation et qui conserve un peu de l'odeur particulière au vin, l'eau-de-vie qui vient ensuite n'a plus que les caractères qui lui appartiennent essentiellement.

SECTION IV.

Du principe colorant.

Le principe colorant du vin existe dans la pellicule du raisin : lorsqu'on fait fermenter le moût sans le marc, le vin est blanc. Ce principe colorant ne se dissout dans la vendange que lorsque l'alcool y est développé : ce n'est qu'alors que le vin se colore; et la couleur en

est d'autant plus nourrie, qu'on a laissé cuver
plus longtemps. Cependant la seule expression
du raisin, par un foulage fait avec soin, peut
mêler au moût une quantité suffisante de principe colorant, pour faire prendre à la masse
une couleur assez intense; et, lorsqu'on a pour
but d'obtenir du vin assez décoloré, on cueille
le raisin à la rosée, et on le foule le moins
possible.

Le principe colorant se précipite, en partie,
dans les tonneaux avec le tartre et la lie; et,
lorsque le vin est vieux, il n'est pas rare de le
voir se décolorer complétement : alors la couleur se dépose en pellicules, sur les parois des
vases ou dans le fond. On voit des membranes
nager dans le liquide, et troubler la transpa-
rence de la liqueur.

Si l'on expose des bouteilles remplies de vin
au soleil, quelques jours suffisent pour précipiter le principe colorant en larges pellicules.
Le vin ne perd ni son parfum, ni ses qualités :
j'ai fait souvent cette expérience sur des vins
vieux très-colorés du Midi.

Il suffit de verser de l'eau de chaux en abondance sur le vin, pour en précipiter le principe

de la couleur : dans ce cas, la chaux se combine avec l'acide, et forme un sel qui parait en
flocons légers dans la liqueur ; ces flocons se
déposent peu à peu, et entraînent tout le principe colorant. Le dépôt est noir ou blanc,
selon la couleur du vin sur lequel on opère. Il
arrive souvent que le vin est encore susceptible de précipiter, quoiqu'il ait été complète-
ment décoloré par un premier dépôt : ce qui
prouve que le principe de la couleur a une
très-forte affinité avec la chaux. Le précipité
coloré est insoluble dans l'eau froide et dans
l'eau chaude : ces liquides ne produisent
même aucun changement sur la couleur ; l'alcool n'a presque aucun effet sur lui, seulement il y prend une légère teinte brune.

L'acide nitrique dissout le principe colorant
du vin.

Lorsqu'on a réduit le vin à l'état d'extrait,
l'alcool qu'on y passe dessus se colore fortement de même que l'eau, quoique moins ;
mais, outre le principe colorant qui se dissout
alors, il y a encore un principe extractif sucré
qui facilite la dissolution.

Le principe colorant ne paraît donc pas de

la nature des résines ; il présente tous les caractères qui appartiennent à une classe très-nombreuse de produits végétaux qui se rapprochent des fécules, sans en avoir toutes les propriétés. Le plus grand nombre de principes colorants sont de ce genre : ils sont solubles à l'aide de l'extractif ; et, lorsqu'on les dégage de cet interméde, ils se fixent d'une manière solide.

SECTION V.

De l'alcool.

L'alcool est un liquide transparent et incolore ; sa pesanteur spécifique, lorsqu'il est bien dépouillé d'eau, est, d'après Richter, de 0,792 à la température de 20 degrés, et de 0,792,35 à 17,88 d'après M. Gay-Lussac.

Son odeur est pénétrante, sa saveur brûlante.

L'alcool entre en ébullition à environ 78°,41 sous la pression de $0^m,76$; la densité de sa vapeur est de 1,613, d'après M. Gay-Lussac.

Il ne se congèle pas par un froid de 68 degrés.

Il brûle sans laisser de résidu.

On extrait l'alcool de toutes les liqueurs vineuses, par la distillation.

L'existence de l'alcool dans les liqueurs vineuses avait été d'abord généralement admise; mais M. Fabroni, de Florence, avait cru pouvoir la nier, et il a tâché de prouver qu'il devait sa formation à l'action du feu dans la distillation.

M. Gay-Lussac a opposé des faits si concluants, à la doctrine du célèbre chimiste toscan, que l'existence de l'alcool dans le vin paraît aujourd'hui hors de doute; nous nous bornerons à présenter les deux expériences suivantes.

Si l'on agite le vin avec de la litharge bien porphyrisée, jusqu'à ce qu'il devienne limpide comme de l'eau, et qu'on le sature ensuite de sous-carbonate de potasse, aussitôt l'alcool se sépare et vient se rassembler à la partie supérieure.

Si l'on distille du vin dans le vide, à la température de 45 degrés, on obtient un produit très-alcoolique.

Toutes les liqueurs vineuses qui donnent de

l'alcool par la distillation n'en fournissent pas au même degré. M. Brandt, qui a comparé les produits qu'il a obtenus de la distillation de soixante et une espèces de liqueurs vineuses, a prouvé qu'elles différaient de 25,41 à 1,28.

CHAPITRE XI.

DE LA DISTILLATION.

L'art de distiller les vins, pour en extraire le principe spiritueux, a fait connaître un nouveau produit, qui est employé non-seulement comme boisson, mais encore comme une substance dont les arts ont tiré le parti le plus avantageux.

Ce produit de la distillation du vin est connu, dans le commerce, sous les noms d'eau-de-vie, d'alcool, d'esprit-de-vin, etc., et l'appareil dans lequel se fait l'opération porte le nom d'alambic (1).

---

(1) Les dénominations d'*eau-de-vie*, d'*esprit-de-vin*, employées jusqu'ici par le commerce pour désigner les deux extrêmes de concentration de la même liqueur, ont été remplacées dans la nouvelle nomenclature chimique par le mot générique *alcool*. Cependant, comme, dans le langage reçu, *eau-de-vie* et *esprit-de-vin* expriment des substances très-différentes par leurs usages dans les arts et dans l'économie

Depuis qu'on a découvert l'art de distiller les vins, l'importance des vignobles s'est accrue considérablement : la production du vin n'a plus eu pour unique but de fournir une boisson agréable; la distillation, en dégageant de cette liqueur le principe volatil, spiritueux, inflammable, a fait connaître une seconde boisson plus active, qui est bientôt devenue d'un usage général dans presque toute l'Europe, et les arts s'en sont emparés pour dissoudre les résines et former les vernis, pour conserver les fruits, dissoudre le parfum des plantes et établir des arts nouveaux.

Aujourd'hui la plupart des vins blancs et une partie des vins rouges de médiocre qualité sont employés à la distillation, et les vins rouges de bonne qualité sont réservés pour la table.

Vu l'importance de la matière, on me permettra de retracer en peu de mots tout ce qui a été fait sur la distillation du vin avant de

domestique, il est à craindre que le commerce ne veuille pas les comprendre sous la même dénomination ; car il ne lui suffit pas qu'elles soient de même nature, du moment que le prix et les usages établissent entre elles une grande différence.

parvenir à inventer les nouveaux appareils, qui ont fait une telle révolution dans l'art de la distillation, qu'on peut le regarder comme un art créé de nos jours.

Les anciens Grecs n'avaient que des idées très-imparfaites de la distillation. Raymond Lulle, Jérôme Rubée et Jean-Baptiste Porta ne laissent pas de doute à ce sujet. Les anciens connaissaient, sans contredit, l'art d'élever l'eau en vapeur, d'extraire le principe odorant des plantes, etc.; mais leurs procédés ne méritent pas le nom d'appareil. Dioscoride nous dit que, pour distiller la poix, il faut en recevoir les parties volatiles dans des linges qu'on place au-dessus du vase distillatoire. Les premiers navigateurs des îles de l'Archipel se procuraient de l'eau douce en recevant la vapeur de l'eau salée dans des éponges qu'on disposait sur les vaisseaux dans lesquels on la faisait bouillir. (Voyez Porta, *de Distillatione*, cap. I.)

Le mot *distillation* n'avait pas chez les anciens une valeur analogue à celle qu'on lui a assignée depuis quelques siècles. Ils confondaient sous ce nom générique la filtration, les fluxions, la sublimation et autres opérations qui ont reçu de nos jours des valeurs diffé-rentes, et qui exigent des appareils particu-liers. (Jérôme Rubée, *de Distillatione.*) Les Romains, sous les rois et du temps de la ré-publique, ne paraissent pas avoir connu l'eau-de-vie. Pline, qui écrivait dans le pre-mier siècle de l'ère chrétienne, ne la connais-sait pas encore ; il nous a laissé un très-bon livre sur la vigne et le vin, et il ne parle point de l'eau-de-vie, quoiqu'il considère le vin sous tous ses rapports. Galien, qui vivait un siècle après lui, ne parle de la distillation que dans le sens que nous venons de rapporter.

Tout porte à croire que l'art de la distilla-tion a pris naissance chez les Arabes, qui de tout temps se sont occupés d'extraire les aro-mates, et qui ont successivement porté leurs procédés en Italie, en Espagne et dans le midi de la France.

Il paraît même que c'est dans leurs écrits qu'on trouve pour la première fois le mot *alambic*, qui dérive de leur propre langage, et qu'ils le connaissaient avant le dixième siècle ; car Avicenne, qui vivait à cette époque, s'en est servi pour expliquer le catarrhe, qu'il compare à une distillation dont l'estomac est la cucurbite, la tête le chapiteau, et le nez le bec par où l'humeur s'écoule.

Rasès et Albucase ont décrit des procédés particuliers pour extraire les principes aromatiques des plantes : il paraît qu'on en recevait généralement les vapeurs dans des chapiteaux qu'on rafraîchissait avec des linges mouillés.

Il est démontré que Raymond Lulle, qui vivait dans le treizième siècle, connaissait l'eau-de-vie et l'alcool; car, dans son ouvrage intitulé *Testamentum novissimum*, il dit, pag. 2, édit. de Strasbourg, 1571 : *Recipe nigrum nigrius nigro* (vin rouge), *et distilla totam aquam ardentem in balneo; illam rectificabis quousque sine phlegmate sit.* Il déclare qu'on emploie jusqu'à sept rectifications, mais que trois suffisent pour que l'alcool soit entièrement inflammable et ne laisse pas de résidu aqueux.

Le même auteur nous apprend ailleurs à s'emparer de l'eau-de-vie par le moyen de l'alcali fixe desséché (voyez Bergmann. *Opus cula physica et chimica*, édit. de Leipsick, de 1781, vol. IV, p. 137). Vers la fin du quatorzième siècle, Basile Valentin proposa la chaux vive pour le même objet.

R. Lulle parle dans tous ses ouvrages d'une préparation d'eau-de-vie qu'il appelle *quinta essentia*, d'où dérive le mot *quintessence*. Il l'obtenait par des cohobations faites à une douce chaleur de fumier pendant plusieurs jours, et par la redistillation du produit. R. Lulle et ses successeurs ont attaché de grandes vertus à cette quintessence, dont ils faisaient la base de leurs travaux alchimiques.

Arnaud de Villeneuve, contemporain de Lulle, parle beaucoup de l'eau-de-vie; mais c'est à tort qu'on l'a regardé comme l'inventeur du procédé par lequel on l'obtient. On ne peut pas néanmoins lui refuser la gloire d'avoir fait les plus heureuses applications des propriétés de l'eau-de-vie, et surtout du vin naturel ou composé, soit à la médecine, soit aux préparations pharmaceutiques. (*Arnaldi Villanovam praxis : Tractatus de vino; cap. de Potibus*, etc.; edit. Lugduni, 1586.)

Michel Savonarole, qui vivait au commencement du quinzième siècle, nous a laissé un traité (*De conficienda aqua vitæ*), dans lequel on trouve des choses très-remarquables sur la distillation; il observe d'abord que ceux qui l'ont précédé ne connaissaient généralement que le procédé suivant pour la distillation. Ce procédé consiste à mettre le vin dans une chaudière de métal, et à recevoir la vapeur dans un tuyau placé dans un bain d'eau froide; la vapeur condensée coule dans un récipient.

Savonarole observe que les distillateurs plaçaient toujours leurs établissements près d'un courant d'eau, pour avoir constamment de l'eau fraîche à leur disposition. Les anciens appelaient le tuyau contourné *vitis*, par rapport à ses sinuosités (voyez *Jér. Rubée*). Ils employaient, pour luter les jointures de l'appareil, le lut de chaux et de blanc d'œuf, ou celui de colle de farine et de papier.

Savonarole ajoute que, de son temps, on a introduit l'usage des cucurbites de verre pour obtenir une eau-de-vie plus parfaite, et qu'on coiffait ces cucurbites d'un chapiteau qu'on rafraîchissait avec des linges mouillés.

Il conseille, chap. 5, d'employer de grands chapiteaux pour multiplier les surfaces.

Il dit que quelques-uns rendaient le col, qui réunit la chaudière au chapiteau, le plus long possible, pour obtenir de l'eau-de-vie parfaite en un seul coup; il ajoute qu'un de ses amis avait placé la chaudière au rez-de-chaussée, et le chapiteau au faîte de sa maison.

Dans le nombre des moyens qu'il donne pour juger des degrés de spirituosité de l'eau-de-vie, il indique les suivants, comme étant pratiqués de son temps : 1° On imprègne des linges ou du papier avec l'eau-de-vie; on y met le feu : l'eau-de-vie est réputée de bonne qualité lorsque la flamme de l'eau-de-vie détermine la combustion du linge. 2° On mêle l'eau-de-vie avec l'huile, pour s'assurer si elle surnage.

Savonarole traite au long des vertus de l'eau-de-vie, et donne des procédés pour la combiner avec l'arome des plantes et autres principes, soit par *macération*, soit par *distillation*, et former par là ce qu'il appelle *aqua* **ardens composita**.

Jérôme Rubée, qui a fait beaucoup de recherches sur la distillation, décrit deux procédés assez curieux, qu'il a trouvés, à la vérité, dans des ouvrages anciens. Ces deux procédés consistent : l'un à recevoir les vapeurs dans des tubes longs et tortueux, plongés dans de l'eau froide; l'autre, à placer un chapiteau de verre à bec sur la cucurbite. Le passage de Jérôme Rubée est remarquable, en ce qu'il préfère les tubes longs et contournés, qui, selon lui, permettent d'obtenir, par une seule distillation, un esprit-de-vin très-pur, qu'on n'obtient, dit-il, que par des distillations répétées dans d'autres appareils. *De Distillatione*, cap. II, édition de Bâle, de 1568.

Jean-Baptiste Porta, Napolitain, qui vivait vers la fin du seizième siècle, a imprimé un traité *de Distillationibus*, dans lequel il envisage cette opération sous tous les rapports, en l'appliquant à toutes les substances qui en sont susceptibles; et il décrit plusieurs appareils, d'après lesquels, par une seule chauffe, on peut obtenir à volonté tous les degrés de spirituosité de l'alcool. Le premier de ces appareils consiste dans un tube contourné en serpent, qu'il adapte au-dessus de la chaudière; le second est composé de chapiteaux placés les uns sur les autres, et percés chacun latéralement d'une ouverture à laquelle est adapté un bec qui aboutit à un récipient.

Il observe qu'on peut obtenir par ce moyen, et à volonté, tous les degrés de spirituosité, attendu que les parties aqueuses se condensent dans le bas, et que les spiritueuses s'élèvent plus haut.

Ces procédés diffèrent bien peu de ceux qui, selon Rubée, étaient en usage chez les anciens.

Nicolas Lefebvre, qui vivait vers le milieu du dix-septième siècle, a publié, en 1654, la description d'un appareil par lequel il obtient d'une seule opération l'alcool le plus déflegmé. Cet appareil est composé d'un long tuyau formé de plusieurs pièces qui s'emboîtent en zigzag les unes dans les autres; une des extrémités est adaptée à la chaudière, tandis que l'autre aboutit à un chapiteau; le bec du chapiteau transmet la vapeur dans une allonge qui traverse un tonneau rempli d'eau froide :

là, les vapeurs se condensent et coulent dans un récipient.

Le docteur Arnaud, de Lyon, dans son *Introduction à la chimie ou à la vraie physique, imprimée en* 1655, *chez Cl. Prost, à Lyon*, nous donne des principes excellents sur la composition des fourneaux, la fabrication des luts, la manière de conduire le feu, la calcination et la distillation, qu'il appelle une *sublimation humide*. Il conseille l'usage des chaudières basses, comme facilitant l'évaporation; il parle de la conversion de l'eau-de-vie en esprit-de-vin, par des distillations répétées ou par une distillation au bain-marie, telle que nous l'employons aujourd'hui pour distiller les substances dont la partie spiritueuse s'élève à une chaleur inférieure à celle de l'eau bouillante; il parle aussi du bain de vapeur ou de rosée.

Jean-Rodolphe Glauber, dans son *Traité*, intitulé *Descriptio artis distillatoriæ novæ*, imprimé à Amsterdam en 1658, chez Jean Jausson, nous fait connaître des appareils dans lesquels on trouve le germe de plusieurs procédés qui ont été perfectionnés de nos jours. L'un consiste à transmettre les vapeurs qui s'échappent par la distillation dans un vase entouré d'eau froide ; de ce premier vase, il fait passer celles qui ne sont pas condensées dans un second, communiquant au premier par un tube recourbé ; de ce second, il fait passer à un troisième, et ainsi de suite, jusqu'à ce que la condensation soit parfaite. On voit évidemment qu'à l'aide de cet appareil, qu'on peut appliquer à la distillation, on obtient divers degrés de spirituosité, selon que la condensation se fait dans le premier, le second ou le troisième de ces vases plongés dans l'eau froide.

Dans un second appareil, Glauber place une cornue de cuivre dans un fourneau ; il en fait aboutir le bec dans un tonneau rempli du liquide qu'il veut distiller ; de la partie supérieure de ce tonneau part un tube qui va s'adapter à un serpentin disposé dans un autre tonneau rempli d'eau. On voit, d'après cette disposition, que le liquide contenu dans le premier tonneau remplit sans cesse la cornue, et qu'en échauffant cette dernière on imprime bientôt à tout le liquide du tonneau

un degré de chaleur suffisant pour en opérer
la distillation ; de sorte qu'avec un petit fourneau, et à peu de frais, on échauffe un
volume considérable de liquide. Glauber se
sert avec avantage de cet appareil ingénieux
pour chauffer les bains.

Philippe-Jacques Sachs, dans un ouvrage
imprimé à Leipsick, en 1661, sous le titre
de *Vitis viniferæ ejusque partium conside-
ratio*, etc., nous a donné un traité complet
et très-précieux sur la culture de la vigne, la
nature des terrains, des climats et des expositions qui lui conviennent, la manière de
faire le vin, la richesse des diverses nations
dans ce genre, la différence et comparaison
des méthodes usitées chez chacune d'elles, la
distillation des vins, etc. On voit surtout dans
le dernier chapitre, qui seul nous occupe en
ce moment, que les anciens avaient plusieurs
méthodes d'extraire l'esprit-de-vin, lesquelles
consistaient, ou à élever l'alcool par une
douce chaleur, ou à s'emparer de l'eau du
vin par de l'alun calciné, ou à placer des
linges épais sur la cucurbite, ou à frapper de
glace le chapiteau de l'alambic pour ne laisser

passer que les vapeurs les plus subtiles, ou à
terminer la chaudière par un col extrêmement long. Le même auteur parle aussi de
l'alcool ou de la quintessence, *quinta essentia,*
et donne les divers moyens de l'extraire. *Ut
vero spiritus vini alcool exaltetur, variis
modis tentarunt chymici : quidam multis
repetitis cohobationibus; aliqui, instrumen-
torum altitudine; alii, spongia, alembici
rostrum obturante, ut, aqua retenta, soli
spiritus transirent; non multi, flamma lam-
padis ut ad summum gradum depurationis
exaltaretur.*

Moïse Charas, dans sa *Pharmacopée,* imprimée en 1676, a décrit l'appareil de Nicolas
Lefebvre, et y a ajouté quelques perfectionnements; il a adapté un réfrigérant au chapiteau. On peut voir encore dans les *Éléments
de Chimie* de Barchusen, imprimés en 1718,
et dans *ceux* de Boerhaave, qui parurent à
Paris en 1733, plusieurs procédés d'après
lesquels on peut obtenir de l'alcool très-pur
par une seule chauffe; mais tous ces procédés
ont cela de commun, qu'on fait parcourir à
la vapeur de très-longs tuyaux pour condenser

les vapeurs aqueuses et ne recevoir, en dernier résultat, que l'esprit-de-vin le plus pur et le plus léger.

Postérieurement, on a beaucoup écrit sur la distillation. On a proposé et exécuté divers perfectionnements ; mais, au lieu de partir de l'heureuse idée des anciens, qui avaient entrevu la possibilité d'obtenir à volonté tous les degrés de l'alcool par la condensation successive des vapeurs, on s'est borné à varier la forme de la chaudière, celle de l'alambic et celle du serpentin ; et l'art de la distillation a presque rétrogradé pendant près d'un siècle.

Cet art s'était fixé à un appareil qui, quoique éloigné des vrais principes de la distillation des vins, était néanmoins généralement adopté, parce qu'il produisait son effet ; et c'est par des distillations répétées de l'eau-de-vie qu'on parvenait à obtenir les divers degrés de spirituosité qu'on désirait.

Tel était l'état de la distillation vers la fin du dernier siècle.

A cette époque, l'appareil le plus généralement employé pour la distillation était composé de trois pièces en cuivre : une chaudière ronde, qui contenait environ 400 litres de vin, se rétrécissait vers sa partie supérieure, et recevait un chapiteau qui s'enchâssait dans son orifice et communiquait par un tuyau allongé à un serpentin ; ce serpentin était placé dans un tonneau dans lequel on entretenait de l'eau fraîche pour opérer la condensation des vapeurs alcooliques.

Cet appareil grossier présentait plusieurs défauts : le premier de tous, c'est que les vapeurs qui s'élevaient par l'action du feu passaient toutes dans le serpentin, où elles se condensaient ; de sorte que les vapeurs aqueuses mêlées aux vapeurs alcooliques coulaient dans le *bassiot* ou récipient, et formaient constamment une eau-de-vie très-faible qu'il fallait soumettre à une seconde distillation pour la porter à un degré convenable.

Le second inconvénient de ces alambics consistait en ce que la condensation étant toujours très-imparfaite, parce que l'eau du bain du serpentin ne tardait pas à s'échauffer, il y avait une grande déperdition de vapeurs alcooliques qui se répandaient à pure perte dans l'air de l'atelier.

Le troisième vice inhérent à ces appareils était le suivant : Comme toutes les vapeurs qui s'élevaient de la chaudière passaient immédiatement dans le serpentin, où elles se condensaient, il fallait modérer le feu de manière à n'évaporer que les parties alcooliques; un coup de feu un peu plus fort faisait monter une trop grande masse de fluide aqueux, et alors on n'obtenait qu'une eau-de-vie très-faible. Il fallait donc surveiller le feu avec un soin extrême; l'opération devenait difficile à conduire et le produit très-coûteux.

Ces vices réunis de l'appareil distillatoire faisaient qu'il était impossible d'extraire les dernières portions d'alcool contenues dans le vin, sans qu'elles fussent chargées d'une immense quantité de parties aqueuses; on séparait avec soin ce dernier produit de la distillation, sous le nom de *petites eaux*, et on les redistillait avec du vin nouveau.

L'eau-de-vie obtenue par ce procédé avait assez constamment un goût de *brûlé*; elle était rarement très-limpide : tout cela provenait de la difficulté de pouvoir maîtriser le feu et de la difficulté plus grande encore de retirer, sans forcer la chaleur, toute la partie alcoolique contenue dans le vin.

Si l'on ajoute à cela que le fourneau de ces alambics était mal construit, qu'il ne présentait aucun moyen de régulariser la chaleur ni de l'appliquer également à toute la masse du liquide, on verra que l'art de la distillation était encore dans l'enfance.

Je sentais tous ces défauts et j'essayai de les corriger : en conséquence, je fis construire des chaudières larges et peu élevées pour présenter à la chaleur une plus grande surface de liquide et moins d'épaisseur ; j'entourai le chapiteau d'un bain d'eau froide pour opérer une première condensation et séparer une partie de la vapeur aqueuse qui retombait en gouttes ou en stries dans la chaudière ; je multipliai les circonvolutions du serpentin et agrandis le tonneau du bain pour que l'eau s'échauffât moins facilement. Ces améliorations furent sensibles, et la distillation s'établit d'après ces principes. Mes appareils et ceux de M. Argand, qui avait surtout admirablement perfectionné les fourneaux, ont été employés avec succès pendant quinze à vingt ans.

Mais, dans les premières années de ce siècle, l'art de la distillation a été établi sur de nouveaux principes, et on a laissé bien loin tout ce qui était connu et pratiqué.

Un appareil chimique, par le moyen duquel on fait passer des vapeurs ou des gaz à travers des liquides pour les en saturer, a donné à Édouard Adam la première idée de son appareil de distillation. La connaissance du fait que les vapeurs aqueuses se condensent à un degré de chaleur qui ne peut pas opérer la condensation des vapeurs alcooliques lui a fourni le moyen de compléter son appareil.

L'appareil chimique lui a suggéré l'idée de conduire, à l'aide d'un tube de cuivre, les vapeurs qui s'élèvent d'une chaudière de vin en ébullition, dans une nouvelle masse de vin, pour y déposer leur chaleur et porter le liquide à l'ébullition; les vapeurs qui s'élèvent de celle-ci peuvent être portées dans une troisième masse de vin qui ne tardera pas à se mettre en ébullition : de sorte qu'il suffit d'entretenir le feu sous une chaudière, et de transmettre la vapeur alcoolique dans le vin contenu dans deux et trois autres chaudières bien closes, pour en opérer la distillation. Cette opération est aujourd'hui pratiquée dans plusieurs ateliers étrangers à la distillation, et c'est ce qu'on y connaît sous le nom *chauffer à la vapeur*.

Par ce moyen, Édouard Adam trouvait déjà une grande économie de combustible, et il était sûr d'avoir des vapeurs alcooliques qui ne pouvaient, en aucun temps, sentir le *brûlé*. Il gagnait encore sur le temps et sur la main-d'œuvre, attendu qu'un ouvrier qui ne soignait qu'un fourneau obtenait de plus grands résultats que s'il n'eût évaporé que par une chaudière.

C'était déjà beaucoup sans doute, mais ce n'était pas encore assez : il fallait trouver le moyen de séparer les vapeurs aqueuses qui s'élèvent avec les vapeurs alcooliques, pour obtenir ces dernières dans leur plus grand degré de spirituosité possible, et c'est ce qu'il a fait en appliquant à son appareil le second principe que nous avons déjà posé.

« Faisons passer, s'est-il dit, les vapeurs
» alcooliques qui sortent de la dernière chau-
» dière, dans des vases qui soient immergés
» dans un bain d'eau froide ; la vapeur
» aqueuse s'y condensera , et je pourrai la
» ramener dans les chaudières pour y être
» redistillée, tandis que la vapeur alcoolique
» parcourra ces vases sans s'y condenser, et
» ira jusqu'au serpentin , où elle subira sa
» condensation. »

En partant de ce raisonnement, établi sur
des faits positifs , il a adapté un tube à la
partie supérieure de la dernière chaudière ;
ce tube conduit les vapeurs dans un premier
condensateur sphérique, baigné par l'eau ; là,
une partie des vapeurs aqueuses se résout en
liquide, et ce liquide coule par un tuyau dans
le liquide de la dernière chaudière, pour y
être redistillé et dépouillé d'une légère portion d'alcool qui y est dissoute. Les vapeurs
qui ne peuvent pas se condenser dans ce premier vase passent dans un second, où il
s'opère une condensation nouvelle , attendu
que la température y est moins élevée ; de ce

second, elles passent dans un troisième et dans un quatrième; et ce qui se condense se rend, comme nous venons de le dire, dans un des premiers récipients, pour que la distillation enlève tout ce qui y reste de spiritueux.

La vapeur, en traversant les condensateurs, perd peu à peu sa chaleur; l'eau se précipite, l'alcool se purifie peu à peu, et, lorsqu'il arrive au serpentin, il se condense et marque le plus haut degré de concentration ou de spirituosité.

On voit, par ce qui précède, que, d'après ce procédé ingénieux, on peut obtenir à volonté, et par une seule opération, tous les degrés de spirituosité alcoolique du commerce. Chaque condensateur donne un degré différent; et, en retirant successivement le produit de chacun, on a des degrés qui varient, depuis l'eau-de-vie jusqu'à l'alcool le plus pur. On peut encore diriger les vapeurs dans le serpentin sans les faire passer par l'intermédiaire des condensateurs, et alors on obtient le degré qui constitue la bonne eau-de-vie du commerce.

Tels sont les principes qui constituent éminemment le procédé d'Édouard Adam ; mais, indépendamment de l'application de ces principes, il a ajouté des améliorations qui rendent son appareil plus parfait.

1° A l'aide de robinets et de tuyaux, il dirige à volonté la vapeur dans un petit serpentin d'essai, pour y opérer la condensation et juger du degré de spirituosité toutes les fois qu'il le trouve convenable.

2° Il a interposé un serpentin entre les condensateurs et le serpentin à eau ; il fait baigner dans le vin le serpentin supérieur, et, par ce moyen, le vin y prend un degré de chaleur qui hâte son ébullition lorsqu'il en remplit ses chaudières. Ce premier serpentin condense la vapeur alcoolique, de manière que l'alcool coule liquide dans le second serpentin et échauffe peu le bain d'eau dans lequel ce second serpentin est plongé. Il résulte de ces dispositions trois principaux avantages : le premier, de chauffer, sans aucune dépense, le vin qu'on va distiller ; le second, de n'être pas obligé de renouveler l'eau du serpentin ; le troisième, d'obtenir constamment de l'alcool froid, et d'éviter toute déperdition ou évaporation.

M. Édouard Adam forma de suite plusieurs grands établissements, d'après ces principes, à Cette, à Toulon, à Perpignan, etc., et s'assura d'un brevet d'invention pour jouir en sûreté du fruit de sa découverte.

Mais ses succès éveillèrent bientôt l'attention des autres distillateurs ; ses résultats étaient tels, que ces derniers ne pouvaient plus concourir : dès lors on fit des essais partout, ou pour imiter, ou pour varier ce procédé.

C'est surtout en partant de l'idée fondamentale que le degré de température, auquel se condensaient les vapeurs aqueuses, était insuffisant pour condenser les vapeurs alcooliques, qu'on fit le plus de tentatives. Les appareils construits par Édouard Adam étaient immenses et très-coûteux : on chercha à en réduire les dimensions et à les mettre à la portée du plus grand nombre.

Isaac Bérard, du Grand-Gallargues, produisit, peu de temps après, un appareil plus

simple, qui obtint la préférence sur celui
d'Adam : au lieu de coiffer la chaudière d'un
chapiteau, comme on le pratiquait anciennement, il la surmonta de deux portions de
cylindres séparées par des diaphragmes en
cuivre et entourées d'une couche d'eau ; les
vapeurs qui s'élèvent du vin en ébullition
sont transmises dans ces *chambres*, où elles
se dépouillent d'une portion aqueuse qui se
rend dans la chaudière par le moyen de conduits qui la portent dans la masse du liquide
en ébullition, et les vapeurs alcooliques s'élèvent dans un condensateur cylindrique et
placé latéralement dans un bain d'eau. Ce
condensateur est divisé intérieurement dans
sa longueur par des diaphragmes en lames de
cuivre qui en font quatre à cinq chambres
communiquant entre elles par des ouvertures ; de sorte qu'on peut à volonté les laisser
parcourir toutes à la vapeur avant d'arriver
au serpentin, ou la renvoyer au serpentin
après qu'elle a parcouru une, où deux ou
trois chambres. Les vapeurs se déflegment de
plus en plus en traversant les chambres : de
sorte que, lorsqu'elles se sont concentrées dans

le serpentin, l'alcool marque 36 et 38 degrés ;
si on les dirige dans le serpentin, sans les
faire passer dans les chambres du condensateur, l'alcool marque de 20 à 25 degrés, et
on obtient à volonté tous les degrés intermé-
diaires, en faisant parcourir aux vapeurs plus
ou moins de chambres.

L'appareil de Bérard parut si simple et si
avantageux, qu'il fut généralement adopté :
Édouard Adam en attaqua l'auteur comme
contrefacteur ; des procès dispendieux, qu'A-
dam fut forcé de soutenir contre Bérard et
beaucoup d'autres, le détournèrent de ses
établissements ; et cet homme, à qui on doit
presque l'art de la distillation, est mort de
chagrin et dans un état voisin de la misère.

A peu près dans le même temps, M. Cellier
de Blumenthal conçut l'idée heureuse de multiplier presque à l'infini les surfaces du vin
soumis à la distillation, pour économiser du
temps et du combustible. En conséquence,
il fait circuler le courant de vapeurs qui
s'échappent de la chaudière, sous de nombreux plateaux placés les uns sur les autres
et contenant chacun une couche de vin d'en-

viron 27 millim. d'épaisseur. Ces plateaux sont sans cesse alimentés par du vin chaud qui est fourni par le serpentin, et leur trop-plein se rend dans la chaudière.

Ce procédé, quoique mis sous la garantie d'un brevet d'invention, a été imité ; et M. Cellier a éprouvé le sort d'Édouard Adam, par les procès qu'il a été forcé d'intenter aux contrefacteurs de son appareil, tant il est vrai que la législation sur les brevets d'invention est très-insuffisante.

Depuis cette époque on a varié à l'infini les appareils distillatoires, mais en partant constamment des mêmes principes (1).

Les uns ont dirigé le courant de chaleur, qui s'échappe du foyer qui chauffe la première chaudière, sous la seconde et la troisième chaudière, dont le vin qu'elles contiennent n'était chauffé, dans l'appareil d'Édouard Adam, que par les vapeurs alcooliques : par ce moyen, ils accélèrent l'opéra-

(1) On peut consulter avec avantage l'ouvrage en deux volumes qu'a publié M. Lenormand, sur la distillation. C'est un traité complet sur cette importante matière.

tion et obtiennent une grande économie de temps et de combustible.

D'autres ont varié le nombre et la forme des condensateurs.

Plusieurs ont fait des dispositions plus favorables pour remplir les chaudières, connaître le moment où le liquide ne contient plus d'alcool, chauffer sans frais le vin qui doit servir à la distillation, etc.

Ces découvertes successives ont donné le moyen de distiller avec plus de perfection le marc du raisin, les grains fermentés, la bière, le cidre, etc. En appliquant à ces substances fermentées la simple chaleur des vapeurs aqueuses ou des vapeurs alcooliques, on en dégage un alcool qui est plus parfait, parce que le feu n'est pas appliqué immédiatement, et que dès lors le produit ne sent pas l'empyreume, et la chaudière n'est pas brûlée comme elle l'était par la distillation à feu nu du marc et du grain.

Si je devais faire un choix parmi les appareils connus, ou en composer un de toutes les améliorations qui ont été successivement apportées, j'adopterais le suivant :

Une chaudière, capable de distiller environ 500 litres, est placée sur un fourneau; de la partie supérieure de cette chaudière part un tuyau qui porte les vapeurs alcooliques dans une seconde chaudière contenant 400 litres; ce tuyau plonge de 40 centim. dans le vin contenu dans cette dernière : de la sommité de celle-ci part un tube qui transmet les vapeurs dans un cylindre de 1 mètre $\frac{1}{2}$ de longueur sur 40 centim. de diamètre; ce cylindre est divisé dans son intérieur en quatre cavités ou chambres séparées par un diaphragme de cuivre et communiquant entre elles par un léger orifice pratiqué à la partie supérieure de chaque diaphragme. Ce cylindre est plongé dans un baquet d'eau froide; on renouvelle l'eau du baquet en la faisant arriver par l'extrémité la plus éloignée des chaudières. On peut séparer ces chambres et les faire plonger dans des rafraîchissoirs isolés, pour pouvoir plus aisément condenser les vapeurs en employant de l'eau plus froide et constamment renouvelée dans le bain de la dernière : dans ce dernier cas, il faut qu'il y ait communication entre les chambres, à l'aide de tuyaux, pour que les vapeurs passent de l'une dans l'autre. Les vapeurs qui ne sont pas condensées, en parcourant les chambres du cylindre, se rendent, à l'aide d'un tube, dans un serpentin plongé dans le vin, et de là, dans un serpentin inférieur rafraîchi par l'eau. Le courant de chaleur, après avoir chauffé la première chaudière, est dirigé sur la seconde pour faciliter l'ébullition du liquide.

Telle est la disposition générale de l'appareil; mais, pour en rendre le service aussi sûr que facile, il faut entrer encore dans quelques détails d'exécution.

A chacune des deux chaudières, il faut placer :

1° Un petit tuyau armé d'un robinet, à la partie supérieure de la chaudière. On ouvre ce robinet pour laisser échapper un jet de vapeurs auxquelles on présente un corps allumé; lorsqu'elles s'enflamment, l'opération n'est pas terminée : dans le cas contraire, elle est finie.

2° Un gros tuyau armé d'un robinet, au

bas de la chaudière, pour faire couler le résidu ou la vinasse.

3° Un robinet latéral, pour juger du moment où la charge du vin est à une hauteur suffisante.

4° Une douille de 40 millimètres de diamètre dans la partie supérieure, et à 8 à 10 centimètres de l'endroit où la chaudière commence à se rétrécir, pour pouvoir la nettoyer ou la remplir dans quelques cas.

Au fond de chaque chambre ou compartiment du cylindre condensateur, il doit y avoir un tuyau qui porte au dehors le liquide qui se condense ; ces tuyaux doivent s'ouvrir et verser ce liquide dans un tube plus large qui se rende lui-même dans le fond de la seconde chaudière. Pour plus de régularité et d'aisance dans le service, il convient de placer un robinet à chacun des tubes, à 27 millim. de distance de leur insertion dans le tube commun.

Quant au serpentin supérieur, comme le vin qui lui sert de bain peut prendre un degré de chaleur capable de produire des vapeurs alcooliques, il faut que le tonneau dans lequel il est contenu soit hermétiquement fermé et qu'il n'y ait, à sa partie supérieure, qu'une douille qui permette de le remplir, et un tube qui prenne les vapeurs alcooliques et les transmette dans le fond de la seconde chaudière. Un gros robinet, placé latéralement au fond du tonneau, servira à faire couler le vin chaud toutes les fois qu'on voudra charger la première chaudière. (Voy. la planche.)

Le mécanisme de cet appareil est facile à saisir. Une fois que les deux chaudières et le tonneau du serpentin supérieur sont considérablement chargés de vin, on porte le liquide de la première à l'ébullition, et la seconde commence à s'échauffer par le courant de chaleur qui s'échappe du foyer de la première; les vapeurs qui s'élèvent de la première sont transmises dans le liquide de la seconde, où elles se condensent et se dissolvent en abandonnant toute leur chaleur à la masse de vin qu'elle contient. Le liquide ne tarde pas à se mettre en ébullition; alors toutes les vapeurs alcooliques passent dans le cylindre condensateur, où elles éprouvent une température froide. La partie aqueuse s'y condense avec une portion d'alcool ; cette partie condensée se rend par les tuyaux dans le fond de la seconde chaudière, où elle se dépouille de son alcool par une seconde distillation. Les vapeurs alcooliques qui n'ont pas pu être condensées à ce degré de température se rendent dans le premier serpentin, où elles se résolvent en liquide ; et, en passant dans le second, ce liquide y perd toute sa chaleur.

Par cet appareil on peut obtenir, par une première chauffe, de l'excellent alcool à 36 et 38 degrés.

On conçoit que l'alcool sera d'autant plus pur, que l'eau dans laquelle le cylindre condensateur est baigné sera plus froide : il faut donc la renouveler le plus souvent possible.

On voit aussi que, si le tube qui porte les vapeurs de la seconde chaudière dans le cylindre condensateur les transmettait immédiatement dans le serpentin, on obtiendrait de l'eau-de-vie ordinaire ; et il est aisé d'opérer ce changement, à volonté, dans cet appareil.

Si au lieu de remplir la première chaudière avec du vin on la remplissait d'eau, et qu'on chargeât la seconde avec du marc de raisin ou avec du grain fermenté, il suffirait d'opérer de la même manière pour en extraire l'alcool, sans crainte de brûler la matière.

Cet appareil ne présente aucun danger à courir : les vapeurs ont partout des issues libres, la compression n'est jamais assez forte pour déterminer des explosions, le service en est extrêmement facile. Il peut aisément opérer quatre ou cinq chauffes par jour, et fournir mille à onze cents litres de bonne eau-de-vie, en distillant des vins qui fournissent du quart au cinquième.

Tous les vins, et généralement les liqueurs fermentées, ne fournissent ni la même quantité ni la même qualité d'alcool : les vins du Midi donnent plus d'eau-de-vie que ceux du Nord ; on en retire jusqu'à un tiers des premiers ; le produit moyen est d'un quart, tandis que dans les vignobles du centre c'est un cinquième, et dans le Nord c'est du sixième au dixième.

Dans le même pays de vignoble, on observe souvent une très-grande différence dans la spirituosité des vins : les vignes exposées au midi, et placées dans un sol sec et léger, produisent des vins très-chargés d'alcool; tandis qu'à côté, mais à une exposition et sur un terrain humide et fort, on ne récolte que des vins faibles et peu riches en alcool.

La force des vins peut se déduire de la proportion d'alcool qu'ils contiennent; mais leur bonté, leur qualité, leur prix dans le commerce, ne peuvent pas se calculer d'après cette base. Le bouquet, la saveur, qui en font rechercher la plupart, sont des qualités étrangères et indépendantes de la quantité d'alcool qu'ils renferment.

En général, les vins riches en alcool sont forts et généreux, mais ils n'ont ni ce moelleux ni ce parfum qui font le caractère de quelques autres : l'eau-de-vie qui en provient est moins suave que celle que fournissent des vins plus faibles.

Les vins blancs donnent une eau-de-vie de meilleur goût que celle des vins rouges : dans le Midi, on distille presque partout des vins rouges, et l'eau-de-vie, quoique plus abondante, est moins estimée que celle des vins blancs qu'on distille dans l'Ouest.

Les vins qui ont commencé à tourner à
l'aigre fournissent peu d'eau-de-vie, et elle
est de mauvaise qualité : cela tient à ce que,
par ce prélude d'acétification, l'alcool subit
une décomposition qui en altère les vertus,
et qu'il se forme de l'acide qui monte mêlé
avec l'alcool.

Il ne faut donc distiller que les vins bien
fermentés et bien conservés, ce qui explique
l'opinion où sont tous les distillateurs qu'il
convient de distiller les vins, du moment
qu'ils ont terminé leur fermentation. Nous
observerons cependant que ce principe n'est
applicable qu'aux vins médiocres qui tournent aisément, et que, pour ce qui regarde
les vins généreux, bien fermentés, bien dépouillés, on peut les distiller en tout temps.

Une fois qu'on a fait choix du vin qu'on
veut soumettre à la distillation, on procède à
l'opération de la manière suivante.

On commence d'abord par laver la chaudière avec le plus grand soin ; et, en supposant qu'on vient de terminer une distillation,
on ouvre le robinet pour faire couler la
vinasse, et, par l'ouverture de la douille su-

périeure, on introduit un bâton pour bien agiter ce liquide et détacher tout ce qui pourrait former croûte contre les parois intérieures. On ferme le robinet, et on verse de l'eau dans la chaudière; on l'agite avec soin, et, quelque temps après, on ouvre le robinet pour la faire écouler.

Pour sentir toute l'importance de cette opération préliminaire, il suffit d'observer que, si l'on néglige cette précaution, la paroi de la chaudière s'encroûte d'une couche de tartre et de lie qui ne tarde pas à donner un mauvais goût à l'alcool, et qui détermine la calcination du cuivre, attendu qu'il n'est plus immédiatement mouillé par le liquide.

Du moment que la chaudière est bien nettoyée, on y verse le vin, et on la remplit, à peu près, aux trois quarts. Avant de verser le vin, on a eu la précaution d'ouvrir le robinet latéral pour juger de l'instant où il faut cesser de charger, et pour faire échapper l'air que déplace le vin.

Dans le même temps que la chaudière se remplit, on allume le feu.

A mesure que les vapeurs s'élèvent, on

juge du chemin qu'elles font, dans toutes les capacités de l'appareil, par la chaleur que prennent successivement tous les conduits qu'elles parcourent.

Il passe d'abord un alcool qui n'a ni un goût ni une odeur agréables ; on sépare ce premier produit pour le distiller une seconde fois.

L'alcool qui succède est très-concentré et de bonne qualité ; on en détermine le titre par le pèse-liqueur, et on établit à demeure cet instrument à l'ouverture du bassiot, pour juger du degré de l'alcool pendant tout le temps de l'opération.

Le pèse-liqueur se maintient à peu près au même degré pendant quelque temps ; mais, à mesure que l'appareil et le liquide des bains s'échauffent, la condensation des vapeurs aqueuses est moins parfaite, et l'alcool est moins concentré : de sorte qu'il perd peu à peu de sa force.

Lorsque l'alcool commence à tomber au-dessous de 20 degrés, on ouvre, de temps en temps, le petit robinet placé au haut de la chaudière ; on présente une allumette enflammée au jet de vapeurs qui en sortent, et on renouvelle cet essai jusqu'à ce que ces vapeurs ne s'enflamment plus : dès ce moment, l'opération est terminée.

Si l'on pouvait entretenir, pendant toute l'opération, le même degré de fraîcheur à l'eau des condensateurs et au liquide qui baigne les serpentins, tout le produit aurait le même degré ; et, lorsqu'on s'aperçoit que les degrés diminuent, on peut les relever de suite en rafraîchissant les bains.

Dès que l'opération est finie, on couvre le feu pour s'occuper de faire écouler la vinasse, de nettoyer la chaudière et de la remplir de nouveau.

Comme l'alcool produit pendant toute la durée de l'opération n'est pas au même degré, on peut aisément le porter, par le mélange, au degré qu'on désire, ou bien redistiller ce qui a passé, vers la fin, pour l'obtenir en totalité au plus haut point de concentration possible. On n'a besoin, en aucun cas, de recourir à la distillation qu'on a appelée jusqu'ici *bain-marie*.

L'alcool qu'on extrait par la distillation

doit être incolore et sans mauvaise odeur ; on parvient à lui enlever les mauvaises qualités qu'il peut avoir en le redistillant avec soin : il suffit même souvent de le filtrer à travers le charbon bien brûlé et réduit en poussière très-fine. Presque toujours, les mauvaises qualités de l'alcool dépendent de ce que la distillation a été mal conduite, ou de ce que les diverses parties de l'appareil ne sont pas propres. Il arrive néanmoins quelquefois que ces défauts proviennent du vin, surtout lorsqu'il est légèrement tourné à l'aigre.

A mesure que les bassiots qui reçoivent l'alcool sont pleins, on les vide dans des futailles de bois de chêne qu'on tient dans un lieu frais pour éviter l'évaporation.

Le séjour que fait l'alcool dans le bois neuf lui fait acquérir une couleur jaunâtre qui n'altère pas sa qualité ; et l'eau-de-vie, en vieillissant, perd le goût de feu qu'elle a souvent quand elle est fraîche : elle devient plus agréable et plus suave au goût.

Les instruments dont on se sert dans le commerce pour déterminer le degré de l'alcool ne sont pas d'une précision mathématique, mais ils suffisent pour le donner par approximation.

Avant d'arriver à connaître les instruments dont on se sert aujourd'hui pour connaître le degré de spirituosité de l'alcool, on a employé plusieurs méthodes très-inexactes.

Le règlement de 1729 prescrivait de mettre de la poudre dans une cuiller, de recouvrir cette poudre avec de l'alcool, et d'y mettre le feu. On jugeait de la spirituosité de l'alcool, selon que la poudre s'enflammait ou ne s'enflammait pas ; mais, pour obtenir des résultats rigoureux, il aurait fallu que la quantité de poudre et celle de l'alcool fussent toujours les mêmes : car une plus grande quantité de liqueur spiritueuse laisse, après la combustion, une plus grande quantité d'eau qui ne permet pas à la poudre de s'enflammer.

On a encore employé le carbonate de potasse comme se dissolvant avec plus ou moins de facilité, selon que l'alcool est plus ou moins chargé d'eau.

Le gouvernement espagnol a prescrit, en 1770, d'employer l'huile comme liqueur d'épreuve. Le procédé consiste à laisser tomber une goutte d'huile sur l'alcool ; et on prononce sur le degré de spirituosité, selon que la goutte d'huile descend plus ou moins profondément dans la liqueur ; mais il est évident que l'immersion est proportionnée à la hauteur de la chute et au volume de la goutte.

Ce fut en 1772 que MM. Borie et Pouget, de Cette, parvinrent à des résultats qui ont donné au commerce un pèse-liqueur assez exact pour qu'il n'y eût plus aucune erreur notable dans l'évaluation des degrés de spirituosité de l'alcool.

Après avoir fait des expériences très-rigoureuses sur les mélanges d'alcool pur, et sur l'action de la température à tous les degrés de concentration possible, ces deux habiles physiciens ont adapté avec habileté le thermomètre au pèse-liqueur, et ils ont tracé sur une échelle les degrés de spirituosité comparés aux effets de la température ; de sorte que leur pèse-liqueur indique les corrections qu'il faut apporter d'après l'action de cette dernière. Cet instrument est le seul qui soit en usage dans le Midi depuis cette époque.

L'usage d'un bon pèse-liqueur est tellement nécessaire au commerce, que j'ai vu, pendant plus de quinze ans, nos négociants du Languedoc acheter les eaux-de-vie d'Espagne, dont le degré de spirituosité n'était pas constant, et se borner à les mettre au degré, pour les expédier dans le Nord et dans tous les pays de consommation.

Dans le Midi, où l'on prépare la majeure partie des eaux-de-vie qu'on distribue dans le commerce, on les connaît sous des noms différents, selon leur degré de spirituosité.

On appelle *eau-de-vie preuve de Hollande* celle qui marque 21 à 22 degrés.

Cette première qualité, plus concentrée et réduite aux trois cinquièmes par la privation ou soustraction de deux cinquièmes de l'eau qu'elle contient, prend le nom de *trois-cinq*.

On la porte à *trois-six* et à *trois-sept* en la dépouillant d'un cinquième ou d'un quart de plus de son principe aqueux.

A Paris et ailleurs, on emploie le pèse-liqueur de Cartier ou de Baumé pour déterminer le titre de l'alcool. Ces instruments sont moins précis que celui de Borie, mais ils suffisent aux usages du commerce.

L'alcool est employé comme boisson.

On s'en sert pour dissoudre les résines, et il concourt à former les *vernis siccatifs* ou à *l'esprit-de-vin*.

L'alcool sert de véhicule au principe aromatique des plantes, et prend alors le nom d'*esprit* de telle ou telle plante.

Les pharmaciens s'en servent pour dissoudre des résines, et ces dissolutions sont connues sous la dénomination de *teintures*.

L'alcool fait la base de presque toutes les boissons qu'on appelle *liqueurs ;* on l'adoucit par le sucre et on l'aromatise avec toutes les substances qui ont un goût ou une odeur agréable.

L'alcool préserve de la fermentation et de la putréfaction les substances animales et végétales : on conserve sans altération, dans l'alcool, les fruits, les légumes et les matières animales.

Toutes les subtances végétales qui ont éprouvé la fermentation spiritueuse donnent de l'alcool par la distillation, mais la quantité et la qualité varient beaucoup.

L'alcool du cidre a, en général, un mauvais goût, parce que la liqueur fermentée contient beaucoup d'acide malique, dont une partie s'élève avec l'alcool et y reste mêlée.

L'alcool extrait des cerises sauvages fermentées a plus de force, sous le même degré, que celui du vin; on le connaît sous le nom de *kirsch-wasser*.

L'alcool qu'on retire des sirops de sucre fermentés porte le nom de *rhum* et *tafia*.

Pallas a vu distiller, chez les Kalmouks, le lait aigri des vaches et des juments; ils aident à l'acétification par la chaleur et par un levain fait avec de la grosse farine salée ou avec la présure de l'estomac des agneaux; ils n'écrèment pas le lait destiné à fournir de l'eau-de-vie; ils distillent dans des chaudières recouvertes d'un chapiteau de bois, et reçoivent le produit dans des vases qu'ils rafraîchissent en les entourant de neige ou d'eau très-froide.

On fait de l'eau-de-vie de grain dans presque tous les pays connus; mais ces eaux-de-vie sont difficiles à obtenir exemptes de mauvais goût, par rapport à l'état presque pâteux de la matière fermentée qui s'attache aux parois de la chaudière, s'y brûle et communique ce goût au produit de la distillation. On masque ce mauvais goût en mêlant des baies de genièvre à la matière fermentée; le goût du genièvre domine alors, et la liqueur est connue sous le nom d'*eau-de-vie de genièvre*.

FIN.

EXTRAIT D'UN OUVRAGE INÉDIT DE M. L. DE VALCOURT.

Manière de faire le vin.

Dans ma réponse aux questions adressées aux membres correspondants du Conseil d'agriculture près le ministère de l'intérieur, par sa circulaire du 30 avril 1820, j'ai envoyé le plan et la description des cylindres pour écraser le raisin, qu'à mon retour en France, en 1814, j'ai trouvés employés par plusieurs propriétaires de vignes du département de la Meurthe : je regrette de ne pas connaître le nom de l'inventeur. Dans la même réponse, j'ai envoyé les plans de plusieurs instruments d'agriculture que j'employais sur mon domaine près de Toul, et le ministre de l'intérieur m'a répondu, le 26 janvier 1821, que M. le comte de Lasteyrie se proposait d'insérer dans son recueil ma baratte et la machine

à écraser le raisin. En voici la description,
ainsi que celle de faire le vin et de connaître
exactement le moment de le tirer de la cuve
(que dans la Meurthe on nomme bouge), pour
ensuite en porter les marcs sur le pressoir.
C'est le résultat de ce que j'ai trouvé de
mieux dans les différents auteurs que j'ai lus,
et ce que j'ai pratiqué moi-même.

Pour avoir une fermentation simultanée et
prompte, j'écrase le raisin au fur et à mesure
qu'il arrive de la vigne, en le faisant passer
entre les cylindres représentés *fig*. 1 et 2,
pl. 2. Ce sont deux cylindres en bois, de
5 pouces de diamètre et de 30 pouces de longueur (on peut augmenter ou diminuer ces
proportions), recouverts tout à l'entour d'un
treillage en fort fil de fer, qui y est cloué. Ce
treillage accroche le raisin, qui, sans lui, ne
serait pas suffisamment attiré par des cylindres unis. Ces cylindres sont placés, dans
un châssis, horizontalement et parallèlement
entre eux, à la distance d'un demi-pouce.
L'axe de l'un des cylindres est tourné par une
manivelle et porte une roue en fonte ou en
cuivre, qui a moins de 5 pouces de diamètre

et qui engrène dans une seconde roue, mais d'un diamètre plus grand, placée sur l'axe du second cylindre qui, par ce moyen, marche plus vite que celui qui porte la manivelle : cette différence de vitesse fait mieux accrocher le raisin, comme l'expérience l'a prouvé. Les diamètres réunis des cercles *générateurs* des deux roues doivent être de 11 pouces, ce qui est la somme des diamètres des deux cylindres, plus, pour chaque roue, l'intervalle d'un demi-pouce qui sépare les cylindres. Il y a au-dessus des cylindres, et fixée au châssis, une trémie dans laquelle on jette les raisins. Un seul homme suffit pour tourner la manivelle et pour passer une vendange considérable. Tous les grains de raisin sont écrasées, mais les pepins et les grappes, que l'on nomme aussi rafles, ne le sont pas; la fermentation s'établit plus tôt et plus simultanément, et on n'est plus obligé de faire entrer dans les cuves un homme qui écrase les raisins avec ses pieds et qui risque toujours d'être asphyxié : nous en avons plusieurs exemples.

Si le plancher de la bougerie est assez élevé, on place ces cylindres au-dessus des cuves ou bouges, et alors le raisin écrasé tombe immédiatement dans les bouges; sinon, on établit les cylindres au-dessus d'un petit cuvier placé à côté du bouge, et, au fur et à mesure que le raisin est laminé, on le jette dans le bouge avec un seau.

Dans les années où le raisin n'est pas bien mûr, ce qui n'arrive que trop souvent dans nos départements de l'Est, je place dessous les cylindres un égrappoir, *fig.* 3; c'est un treillage en fil de fer, et même en simples baguettes en bois, avec des mailles d'un bon pouce en carré : ce treillage laisse passer les graines écrasées, mais retient les grappes. Un petit râteau sert à écraser avec le dos le peu de graines qui y adhèrent encore, et ensuite, avec les dents en bois, à retirer à soi les grappes, que l'on jette dans un baquet placé à côté du bouge. Quand le raisin est très-mûr, on n'a pas besoin de l'égrappoir, parce que la grappe laissée fermenter dans le moût donne du corps au vin. On peut aussi, si on le juge à propos, ôter une partie de la grappe et conserver l'autre.

La grappe ne doit jamais s'élever au-dessus

du vin et former ce qu'on nomme le chapeau,
parce que, exposée à l'air, elle tourne très-
vite à la fermentation *acéteuse;* et lorsqu'elle
est ensuite foulée et mélangée avec le vin, et
plus tard pressurée avec les marcs, son vinaigre acidifie le vin. Comme cette grappe est
plus légère que le vin, elle le surnagerait toujours si on n'avait pas le soin de la maintenir
enfoncée; pour cela, aussitôt que le bouge a
reçu la quantité de vendange qu'il doit contenir, je place dessus la grappe un faux-fond
qui est composé de planches AAA, *fig.* 4, que
l'on met à côté les unes des autres; on les
tient enfoncés à quelques pouces au-dessous
du vin au moyen des trois traverses BBB, que
l'on glisse dessous les taquets CC boulonnés
intérieurement et dans le haut du bouge; on
place entre les taquets et les traverses des petits montants si on n'a pas eu assez de vendange. D, *fig.* 4, est la ligne du vin qui s'é-
lève au-dessus du faux-fond. K est la grappe
tenue enfoncée dans le vin par le faux-fond.

Je place ensuite dessus les mêmes taquets CC
le fond supérieur E, qui est fait avec des
planches embouvetées clouées à trois ou qua-

tre traverses. On enduit tout le pourtour en **F**,
et même les joints qui peuvent être ouverts,
avec de la terre glaise corroyée.

Lorsque la fermentation est forte, si on ne
donnait pas issue à l'air échauffé et dilaté, il
soulèverait le couvercle ou ferait crever le
bouge. Pour prévenir cet accident, j'ai fait **au
couvercle E un trou d'environ 2 pouces de
diamètre**, que j'ai recouvert d'un cuir **G tenu
par deux petits clous**, et qui fait l'effet d'un
clapet : c'est le clapet ou soupape employé
depuis bien longtemps par don Cassebois,
prieur des Bénédictins, à Metz. L'air dilaté
par la fermentation soulève le clapet, s'é-
chappe, et le clapet, que l'on peut charger
d'un très-petit poids, retombe et se ferme de
lui-même. Le gaz acide carbonique, dégagé
par la fermentation, étant plus pesant que
l'air atmosphérique, reste, par son poids,
dessus le vin et le garantit du contact de l'air
extérieur, qui, d'ailleurs, ne peut pas entrer
quand le clapet est ouvert ; car celui-ci n'est
soulevé que parce que l'air intérieur est assez
comprimé pour avoir la force de repousser
l'air extérieur et vaincre en sus le poids du

clapet. C'est ainsi que lorsque le bouchon d'une bouteille de vin mousseux s'échappe, il est évident que l'air extérieur ne peut pas *alors* entrer dans la bouteille qui, cependant, se trouve ouverte.

La chose la plus importante dans l'art de faire le vin est de connaître le moment juste *où il faut tirer le vin chaud du bouge.* Ce moment a été, je crois, généralement reconnu être celui où la fermentation, passant son plus haut degré, commence à retomber. Voici un moyen mécanique, et à la portée du plus simple ouvrier, de connaître cet instant.

La chaleur, qui est l'effet de la fermentation, et qui est créée par elle, augmente donc et diminue comme elle et avec elle; par conséquent, le vin monte et descend comme la chaleur et la fermentation. Ainsi, puisqu'il est facile de connaître la montée et la descente du vin, on connaîtra donc par là la marche de la fermentation : à cet effet, je prends une petite planchette H, de 4 à 5 pouces de diamètre, ronde ou carrée, qui servira de flotteur; dans son centre, je fais un trou de vrille et j'y insère une petite baguette de bois blanc, telle qu'un osier pelé, I, de la grosseur d'une plume à écrire ; cette baguette traverse et déborde de quelques pouces le couvercle supérieur E au moyen d'un trou de vrille un peu plus gros que la baguette dont j'ai percé le couvercle. La planchette H flotte sur le vin, et conséquemment monte et descend avec lui. Tous les matins et tous les soirs, je fais, avec une plume et de l'encre, une marque sur la tige d'osier, ou ras d'une cheville, d'un pouce environ de hauteur, plantée dans le couvercle. Je vois quand la dernière marque est stationnaire ; et dès le moment qu'elle commence à rétrograder ou à descendre, je sais que la fermentation a diminué, et que c'est l'instant de tirer le vin chaud.

On voit que sans le faux-fond AA la grappe surmonterait le vin et empêcherait la planchette H de flotter. Les personnes qui se servent à l ordinaire de cuves découvertes pourront faire flotter la planchette en introduisant dans la cuve ou bouge un tuyau en fer-blanc de 1 pouce ou 2 de diamètre, ou fait avec quatre lattes en bois. Ce tuyau, fermé par le bas, aura, dans son milieu, plusieurs petits

trous qui laisseront entrer le vin dans le tube,
mais non les pellicules ou les pepins. Ce
tuyau reposera sur le fond de la cuve et dé-
bordera la grappe ou le chapeau de la cuve.
On chargera le tuyau pour le maintenir en
place; on placera sur le vin qui est dans le
tube, et qui se maintient toujours à la hauteur
du vin du bouge, un petit flotteur surmonté
de la tige d'osier qui déborde un peu le tube;
on marquera à l'encre sa montée journalière,
comme je l'ai indiqué; mais ce ne sera pas
d'une manière aussi précise, parce que la
grappe ou le chapeau, non retenu, monte
sans faire monter le vin.

Pour connaître le degré de chaleur de l'intérieur du bouge, j'y avais fait descendre un
thermomètre M, dont la tige L passait au
travers d'un bouchon de liége qui entrait dans
un trou percé dans le couvercle E. J'avais
placé dans la bougerie un second thermomètre au moyen duquel je pouvais comparer
les deux températures. J'en donnerai dans
l'instant le tableau.

Les grandes cuves ou bouges dont j'ai parlé
coûtent d'abord assez cher, mais ensuite tien-

nent beaucoup de place pour ne servir que
pendant quinze jours de l'année. Beaucoup de
propriétaires de vignes du département de la
Meurthe ont trouvé le moyen de s'en passer :
pour cela, dans le haut des gros tonneaux que
nous nommons foudres, qui contiennent environ 40 hectolitres, les uns plus, les autres
moins, et qui ne sont jamais déplacés dans
les caves, on fait faire une ouverture d'environ 8 pouces sur 12 pouces, que l'on ferme
avec une porte mobile fermant du dedans en
dehors, comme l'ouverture P, qui est toujours
pratiquée dans la partie inférieure du foudre,
et par laquelle un homme peut entrer dans le
foudre pour le laver. On installe les cylindres
laminoirs, *fig.* 1 et 2, sur un petit cuveau
placé à côté du foudre ; on prend avec un seau
les raisins écrasés, et on les jette dans une
trémie placée dans l'ouverture supérieure du
foudre. Quelquefois, quand il y a une lu-
carne placée vis-à-vis le foudre, on cylindre,
dans la rue, la vendange, qui glisse dans le
foudre au moyen d'un conduit fait avec trois
planches. On laisse environ 10 pouces de vide
à cause du gonflement produit par la fermen-

tation ; on remet la porte dans le centre de laquelle est le trou du bondon qu'on laisse
ouvert, et seulement recouvert d'une feuille
de vigne chargée d'un peu de sable, de crainte
que l'air, dilaté par la fermentation, ne fasse
crever le foudre. Quand on juge, ou plutôt
que l'on croit que le raisin a assez fermenté,
on tire d'abord le vin chaud par le robinet Q;
ensuite on ouvre la porte inférieure P du foudre, par laquelle on retire le marc, au moyen
d'un crochet, et on le porte sur le pressoir,
et, après avoir nettoyé le foudre, on le remplit sur-le-champ du vin chaud du second
foudre, et ainsi successivement pour tous les
autres. Ce moyen serait parfait si on pouvait
maintenir la grappe enfoncée sous le vin
comme on le fait dans les bouges avec le faux-
fond AA : à cet effet, quelques personnes ont
introduit par la porte supérieure des bouts
de planche A placés sur la grappe en travers
du foudre ; mais il n'est pas aisé de les glisser
jusqu'aux fonds des foudres. On pourrait recouvrir le trou du bondon d'un cuir formant
clapet, et faire dans la porte un second trou
de bondon dans lequel on introduirait le tube

de fer-blanc R mentionné plus haut, dans lequel flotteraient la planchette H et la tige d'osier I.

Voici le tableau de la température, le matin et le soir, de la vendange de 1821. Cette année, le raisin n'a pas mûri complétement; j'ai vendangé les 18 et 19 octobre; j'ai cylindré les raisins, ôté les grappes, et j'ai placé le couvercle le 20 au matin. J'ai tiré le vin chaud le 2 novembre à 10 heures, et j'en ai eu 33 hectolitres.

ÉPOQUES DES OBSERVATIONS.			TEMPÉRATURE		MOUVEMENT du flotteur.	
			de la bougerie	de l'intérieur du foudre.		
			$5°$ R.	$5°$ R.	pouc.	lign.
Le 20 octobre 1821	10	heures du matin.	$5°$	$5°$	0	0
	8	du soir...	5 3/4	5	0	0
21...............	8	m....	5 3/4	5 1/2	0	0
	9	s....	5 3/4	5 1/2	0	0
22...............	8	m....	5 3/4	5 1/2	0	0
	8	s....	5 3/4	5 1/2	0	0
23...............	8	m....	4 1/4	5 1/2	0	0
	6	s....	5 3/4	5 1/2	0	8
24...............	8	m ...		6	1	4
	6	s....	6 3/4	6	2	1
25...............	8	m....	6	6 1/2	3	1
	8	s....	6	7	3	5
26...............	8	m....	5 1/4	7	3	10
	3	s....	6 1/2	7	3	10
27...............	8	m....	6	7	3	11
	6	s....	6	7	3	11
28...............	7	m....	5	7	3	11
	6	s....	5 3/4	7	3	11
29...............	7	m....	4	6 1/4	3	11
	8	s....	5	6	3	11
30...............	7	m....	3 1/2	6	3	11
	7	s....	3 3/4	6	3	11
31...............	7	m....	4	6	3	11
	6	s....	4 3/4	6	3	11
1 novembre...	8	m....	4	6	3	11
	8	s ...	5	6	3	11
2...............	7	m....	6	6	3	11

(Accolade à la colonne du flotteur en regard des 23–24 : « monte. »)

On voit, par le tableau ci-dessus, que la plus grande chaleur dans le bouge n'a été que de 7 degrés, et il est reconnu que la fermentation est lente et faible au-dessous de 10 dégrés ; aussi à peine entendait-on le mouvement de la fermentation. J'aurais peut-être pu retarder encore à tirer le vin, mais ordinairement je ne le laissais que cinq jours dans le bouge, et cela afin de lui conserver plus de montant, et je m'en étais toujours bien trouvé. La vendange n'avait pas encore commencé à retomber, mais elle était stationnaire depuis plus de six jours ; mon vin n'était pas aussi coloré que les autres années, mais il l'était encore suffisamment.

Il m'a paru que, lorsque le bouge est couvert, la fermentation n'est pas aussi vive et aussi tumultueuse que lorsqu'il est à l'air libre ; mais, comme elle se prolonge beaucoup plus longtemps, on a plus de loisir pour le pressurage.

J'ai égaré les notes que j'avais prises les années subséquentes.

Si quelque propriétaire trouvait raisonnable cette manière de faire le vin, je lui dirais : Ne traitez pas ainsi toute votre vendange, mais essayez-la sur un foudre ou une cuve, et vous aurez un point de comparaison pour vous guider à la vendange suivante.

FIN.

TABLE DES CHAPITRES.

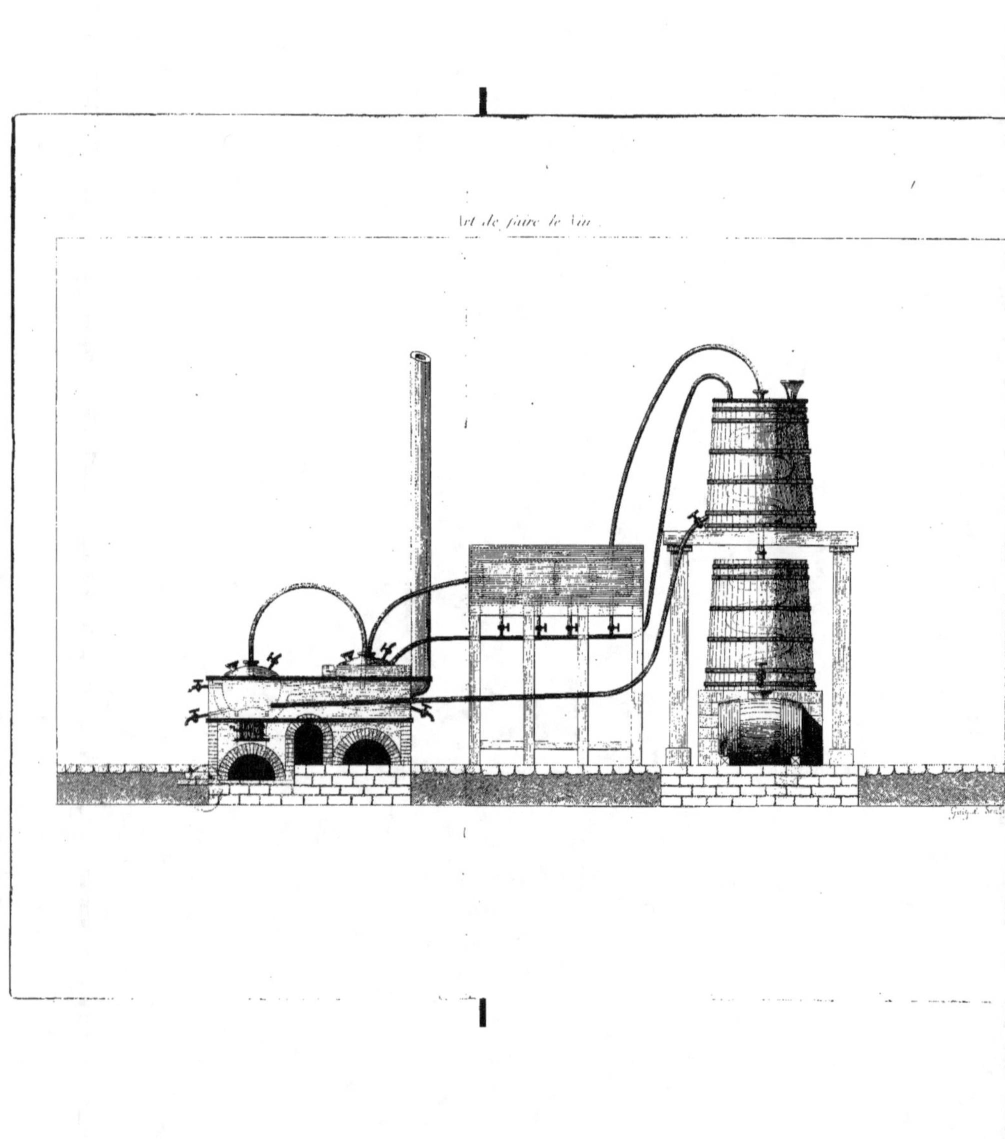

Pl. II.

Cylindres pour écraser les raisins.

Fig. 1

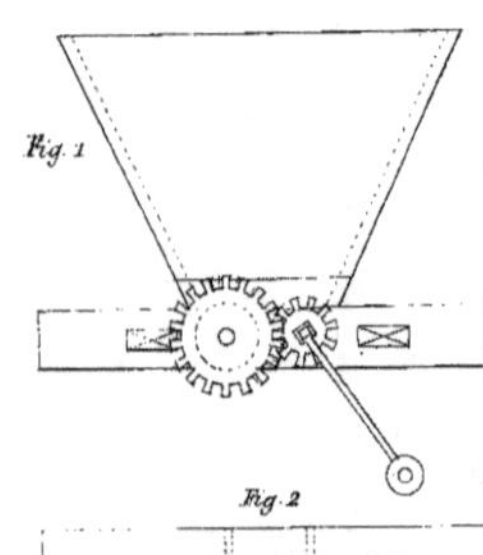

Fig. 2

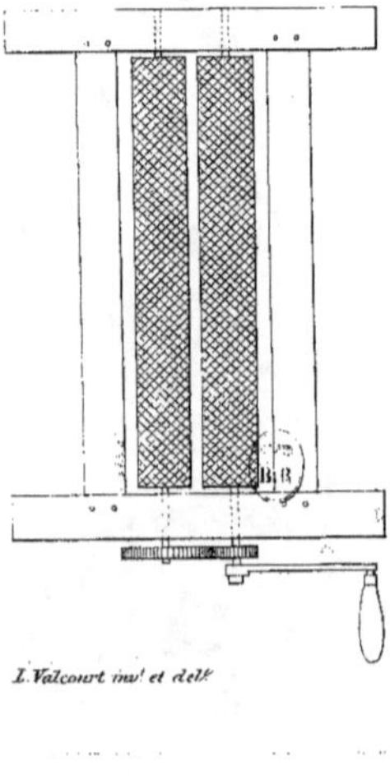

Bouge.

Fig. 4

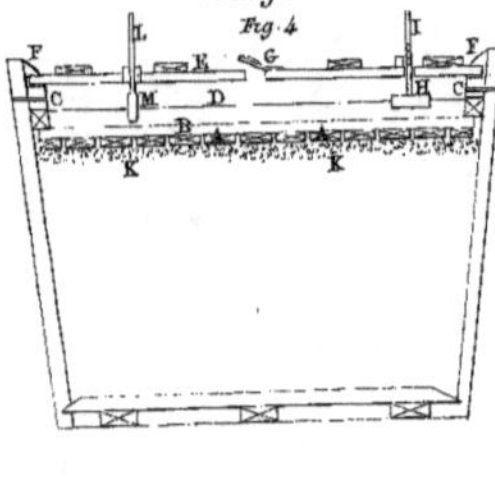

Egrappoir.

Fig. 3

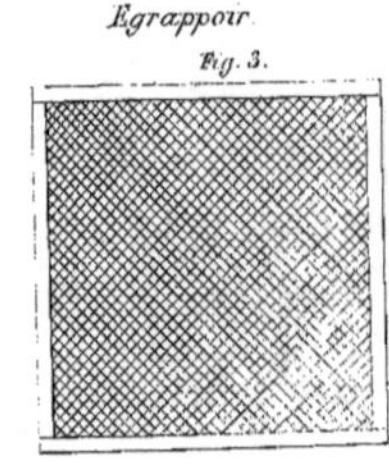

Bouge.

Fig. 5

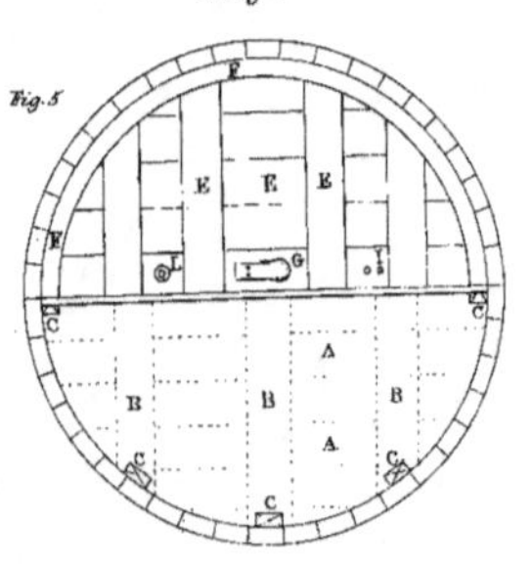

Foudre.

Fig. 6

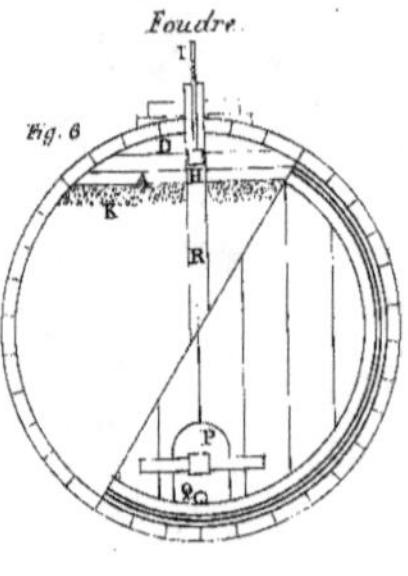

Echelle pour les Figures 1 et 2.

3 Pieds

L. Valcourt inv¹ et del¹

Lith. de Mantoux.